当你放过自己

姜玉祥 —————— 编著

内 容 提 要

　　这世间并无苦海，痛苦的是自己的内心，自己对外物的执着，是自己最难以割舍的囚笼。一个人若受困于纷繁的事物，想要得到更多，反而失去更多。当你过分执着于一件事物，不达目的不罢休，人生就会被情绪支配。所以，放过自己，不妨换一种角度看待人生。

　　本书选取大量贴近生活的案例，从心理学的视角解读现代人痛苦与焦虑的源头，并总结出一些行之有效的情绪疏导法，帮助人们从执念的泥沼中解脱出来，从而获得幸福一生的好心态。

图书在版编目（CIP）数据

　　当你放过自己 / 姜玉祥编著 .--北京：中国纺织出版社有限公司，2024.2
　　ISBN 978-7-5229-1296-7

　　Ⅰ. ①当… Ⅱ. ①姜… Ⅲ. ①人生哲学—通俗读物 Ⅳ. ①B821-49

　　中国国家版本馆CIP数据核字（2023）第248561号

责任编辑：张祎程　　责任校对：江思飞　　责任印制：储志伟

中国纺织出版社有限公司出版发行
地址：北京市朝阳区百子湾东里A407号楼　邮政编码：100124
销售电话：010—67004422　传真：010—87155801
http://www.c-textilep.com
中国纺织出版社天猫旗舰店
官方微博 http://weibo.com/2119887771
天津千鹤文化传播有限公司印刷　各地新华书店经销
2024年2月第1版第1次印刷
开本：880×1230　1/32　印张：6.5
字数：120千字　定价：49.80元

凡购本书，如有缺页、倒页、脱页，由本社图书营销中心调换

前 言
PREFACE

　　生活中，你是否经常因为一点琐事就夜不能寐？是否经常因为一点压力就寝食难安？是否因为一点挫折就垂头丧气？大部分人的烦恼不过如此，认真想来，其实都是庸人自扰，完全是自己和自己较真。当事情过去之后，就会觉得之前还很困惑的事情，现在想来根本不值一提，可为何当时就过不去那道坎呢？

　　想不通，太有执念，这是大部分人活得痛苦的主要原因。每天我们都会经历各种各样的事情，未来总是难以预测，假如我们总是为一点琐碎的事情就焦虑，那在未来的生活中又如何能获得幸福呢？有人说："执执念而死，执执念而生，是为众生。"人生那么长，总有许多让我们放不下的事情，少年时无疾而终的初恋，中年时求而不得的事业，老年时郁郁寡欢的离别……这世间总有太多太多的遗憾，挥之不去。对小事情执念太深的人，表面上看起来很理性，但内心深处却有着深入骨髓的感性。一般来说，每个人的大脑在处理事情时是以整体运作的，一旦这种完整性遭到破坏，便会引发一系列心理问题，比如产生未完成情结。即便遇到一件微不足道的小事，人们也条

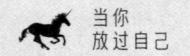

件反射般地想让其变得有始有终，而一旦中途出了差错，这种未完成情结便会被代入以后的人生中，开始制造一些原始动机。对人生而言，每个人念念不忘的事物都是人生囚笼，无论得到或者失去都是桎梏。只有放下自己的执念不被情绪左右，才能获得精神上的自由和解放，否则这一生都将被欲望控制着前行，而这样的人最后只能一辈子活在牢笼里。

　　人性是贪婪的，人的欲望控制着人的行为，世人想要得到本性的东西，却不想放下自己心外之物，于是就这样在两者之间徘徊，迷茫且痛苦。不管是痛苦还是焦虑，只是一时的执念而已。执于一念，将被困于一念；放下执念，则会万般自在。只有放下执念，才能真正地放过自己。当遭遇离别、痛苦、挫折等种种无常时，保持淡然的心态，就会发现没什么是放不下的。我们所追求的事物，实际上就在我们的内心之中，只要能够放下执着，事物就会恢复它本来的面目。一个人只有懂得放下执着，放过自己，不被情绪掌控，才能获得心灵的自由。

编著者

2022年8月

目 录
CONTENTS

第1章 不畏困难,披荆斩棘勇敢向前　　001

别抱怨,笑着与困难做朋友吧 / 002
接受挑战,是走向成功的必经之路 / 006
敢于冒险,爱拼才会赢 / 009
遇到生活的烦恼就笑纳 / 013
经历挫折,是为了更好地前行 / 017
逆境充满荆棘,却也蕴藏着成功的机遇 / 021

第2章 学会放下,有一种成熟叫心灵松绑　　027

放下重负,奔向新生 / 028
别悔恨,化自责为正能量 / 032
勇敢且坚定,当机立断 / 035
你猜疑越多,真诚就越少 / 037
真实地追求美,但别苛求完美 / 041
别攀比,找到自己的独特之美 / 045

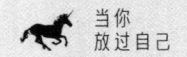

第3章　留有余地，做事才能进退自如　　051

说话留有余地，才能进退自如 / 052
给人留面子，是最好的相处之道 / 056
为他人着想，就是在为自己着想 / 060
理直应气和，得理应饶人 / 063
做人别太满，凡事留三分 / 066
原谅别人的错误，就是成全自己 / 070

第4章　不慕名利，别陷于贪婪和执念　　075

荣誉只是一时的，认真生活最重要 / 076
慷慨待人，别人也会对你大方 / 079
着眼于事业，别沉迷于虚名 / 083
宠辱不惊，不为名利所累 / 086
追求名利，往往会迷失自我 / 090
淡泊名利，心灵终归宁静 / 093

第5章　宽厚待人，接受自己也容纳他人　　099

最好的选择是活在当下 / 100
留有心胸，容纳别人的不足和缺陷 / 104

生活中的压力，自己要学会释放 / 107
善于接受比自己优秀的人 / 110
邂逅美好，用包容的心看世界 / 115
长得漂亮，不如活得漂亮 / 117

第6章 及时止损，请你远离无谓的坚持　123

明智的放弃，胜过无谓的执着 / 124
别痴迷于所谓的理想生活 / 127
太执着，如同心灵上了枷锁 / 131
心随路转，则柳暗花明 / 134
跳出框框，用全新视角看世界 / 138
适时改变，收获不一样的人生 / 142

第7章 看淡金钱，努力寻得人生幸福的真谛　147

别让奢侈品毁了你的生活 / 148
有钱，并不一定就幸福 / 151
财富在劳动和智慧中诞生 / 154
自信是人生最大的财富 / 158
修炼财商，树立正确的金钱观 / 160

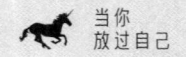

第8章　看淡得失，不念过去不惧将来　　165

你越在意，就越容易失去 / 166

努力争取，得失随缘 / 169

别害怕失去，它会以另一种方式归来 / 173

看开得失，其实都是最好的收获 / 176

第9章　接受瑕疵，感谢人生中的不完美　　181

相信总有一扇窗为自己打开 / 182

风光一时是勇夫，笑到最后是赢家 / 185

发挥你的特长，从容成就自己 / 189

有缺点的人，反而更受欢迎 / 192

接纳缺憾，活出自信的自己 / 196

参考文献 / **199**

第1章

不畏困难，
披荆斩棘勇敢向前

生活本来就是一条曲折而漫长的征途，既有荒凉的沙漠，也有深长的峡谷，既有横阻的高山，也有断路的激流。那是一片广袤的天地，决不会永远鲜花繁盛，蝶飞蜂舞，在这里也会有风刀霜剑，冰雪封路。在这条漫漫长路中，我们只要不畏挫折，勇往直前，就能越过崎岖，走向成功。

当你
放过自己

别抱怨，笑着与困难做朋友吧

拿破仑说："人与人之间只有很小的差异，但是这种很小的差异却可以造成巨大的差别。很小的差异即是积极的心态还是消极的心态，巨大的差别就是成功和失败。"当生活的困难从天而降的时候，人们总会有两种截然不同的心态：有的人感觉到天都塌下来了，什么都完了，除了抱怨还是抱怨，似乎他的整个生活都已经被不幸吞噬了；而有的人则保持乐观的心态，他们甚至会将那些灾难和不幸当作朋友，最后，他们就真的在磨难中有所获得，从而赢得人生的一笔宝贵财富。我们可以清楚地看到，前者是拥有消极心态的人，在困难面前，他只会较劲、抱怨；而后者是拥有乐观积极心态的人，他总是将生活中的困难当朋友一样看待，若是朋友，又怎么会担心给自己的生活带来不幸呢？所以，当生活遭遇不幸时，别和困难较劲，而要让困难成为你的朋友，只要你抱着这样的心态，就一定能战胜艰难困苦，最终走向成功。

拥有70亿身家的俞敏洪是新东方教育集团的创始人。1980

年经过两次高考落榜后，俞敏洪考入北京大学西语系，在北大读书时，俞敏洪不会吹拉弹唱，不会说普通话，他经常受到老师和同学的"白眼"。英语老师评价俞敏洪说："只能听懂俞敏洪三个字，鹦鹉都不如。"这些刺耳的话语令他刻骨铭心。之后，他一天十几个小时地狂听、狂背，创纪录地熟练掌握了8万个英语单词。

1985年俞敏洪留校当了教师，却依然被北大边缘化。之后，为了赚取出国学费，俞敏洪就到校外的民办外语培训机构教课，被北大发现后受到了严肃的通报批评。1991年，他愤然从北大辞职并开始了新东方创业历程。创业之初，俞敏洪租用中关村二小的一个小平房，由于生源少，他只得自己拎着糨糊桶，在零下十几度的冬夜到处张贴招生广告。1995年，新东方急速蓬勃发展起来，拓展了业务领域，完成了向现代公司的转变。到年底时，在校学生人数已达千人。

2006年9月7日，新东方成功登陆纽约证券交易所，发售了750万股美国存托凭证，一举获得融资额1.125亿美元。新东方成了第一家在海外上市的中国教育培训公司，俞敏洪成了有史以来中国最富有的教师。

俞敏洪的成功是在困难中历练的结果，那坎坷不平的人生道路造就了俞敏洪不屈不挠的性格，也造就了他踏实前行的人生之路。他的故事告诉我们：成功的人生必然要接受困难的洗礼。当我们无法回避困难的存在时，要学会与困难成为朋友。人生的旅途道路曲折，有高就有低，有起就有落，困难是客观存在的，如果我们想从困难中挖掘点什么，那就要学会跟它成为朋友。

格哈德·施罗德出生在一个工人家庭。小时候，父亲在远征苏联的战争中牺牲，施罗德兄妹五人与母亲相依为命。有一段时间，他们住在一个临时搭建的收容所里，尽管母亲每天工作长达14个小时，但仍然不能满足家里的开支。年仅6岁的施罗德总是安慰母亲："别着急，妈妈，总有一天我会开着奔驰来接你的。"

长大后的施罗德进了一家瓷器店当学徒，后来又在一家零售店当学徒，在1963年施罗德加入了民主党。在之后的10年里，他读完了夜校和中学后来到格廷根通过上夜大来攻读法律。大学毕业后，他获得了律师资格，成为了一名律师，不久之后，他当选为社民党格廷根地区青年社会主义者联合会主席。在以后的日子里，施罗德一直活跃于德国政坛，46岁那年，施罗德再次竞选成功，成为了萨克森州的州长，就是在这一年，施罗德实现了儿时的愿望，开着银灰色奔驰轿车将母亲接走了。也许，是儿时的苦难记忆，使施罗德在人生的道路上丝毫不敢懈怠。8年之后，施罗德一举击败连续执政16年之久的科尔，当选为德国新总理。

当时辗转于各种店铺当学徒的施罗德常说的一句话是："我一定要从这里走出去！"他成功了，而且，比自己想象中走得更远。即使在成功的路上伴随着困难，但施罗德从来没有把困难当成一回事，儿时的记忆让他明白：自己必须与那些客观存在的困难成为朋友，这样才能走得更远。

• 心灵启示 •

1. 战胜困难，就一定能成功

有人说，人生是由幸福和痛苦组成的一串珍珠，谁也无法回避四季的风雨冰霜。困难只会使成功者受到历练，除此不会有任何伤害。因此要有一种战胜困难的信心和勇气，从而锻炼人的品质，磨砺人的意志，激发人的智能，增长人的才干，显露人的本色。在生活中，只要我们有信心战胜困难，那就一定能拥抱成功。

2. 别和困难较劲

当困难降临时，如果我们总是与困难较劲，不断地抱怨生活的不公，这样做有什么意义呢？不仅解决不了困难，反而会让自己的心情变得更糟糕。在困难面前，如果暂时不能战胜它，就先跟它成为朋友，了解它，这样才能寻找出解决的办法。

接受挑战，是走向成功的必经之路

如果生活中的困难与挫折是上天对我们的一种考验，那我们一次次接纳它们就是一次次接受挑战。在生活中，不管我们处境如何，都需要接受这样的挑战，即便是失败了，那也是一件值得庆幸的事情，因为失败会让我们更接近成功。人生就像攀岩，充满着惊险与困难，处处考验着你的勇气与意志。也许，在攀登过程中，我们会无数次遭遇陷阱，但只要不畏惧失败，不因一次的跌倒就丧失斗志，那胜利的曙光将会永远照耀着我们。生活中的困难与挫折都是磨刀石，只要我们迎难而上，它就会使我们的意志更加顽强。困难与挫折，对我们而言何尝不是一种挑战？困难可以使我们摆脱舒适区，更加坚定人生的方向；战胜挫折需要巨大的勇气，而有勇气的人注定会走向成功。正视挫折，接受人生一次次的挑战，这样我们就一定会战胜挫折。

和田一夫21岁那年，自己经营的位于静冈县热海市的蔬菜水果店被一场大火烧毁，和田一夫几乎失去了所有。但是，这场大火并没有让他放弃希望，他将烧成平地的100坪土地拿去做抵押，借钱买了块300坪的土地，并在上面盖了一个超级市场，开创了日本八佰伴。超级市场在和田一夫的经营下，发展得越来越好，这时，和田一夫想带着自己的超级市场进军亚洲，而新加坡成为了他进军亚洲的起点。

1972年，和田一夫和日本野村证券公司第一次考察新加坡市场。然而，就在新加坡，他碰到了两件令自己苦恼的事情：新加坡租金太贵，完全超出了自己的预算；在新加坡期间，和田一夫无意中听到一位的士司机告诉他一段关于日本伤害新加坡的国仇家恨史。对此，和田一夫说："对日本百货公司来说，70年代是一个必须面对历史的时代。"回到日本后，和田一夫告诉了董事们这两件事，结果董事们纷纷表示反对投资新加坡。但是，和田一夫明白"零售业成功的因素是消费者口袋里装着钞票"，于是，在20世纪70年代初期，和田一夫在新加坡开辟了第一个亚洲市场。1976年，受世界石油危机的冲击，巴西八佰伴被迫关门。通过这次教训，和田一夫领悟到："不该死守一个地方，要大胆调动资金，分散资产。"紧接着，八佰伴从东南亚"流通"到了中国台湾、中国香港以及内地。20世纪80年代末至20世纪90年代初期，整个亚洲经济处于全盛时期，和田一夫的八佰伴集团在16个国家拥有了400多间百货公司，八佰伴集团坐上了世界零售业第一把交椅。

1997年，在日本负责掌管日本八佰伴公司的和田一夫的弟弟，因被指控欺骗日本财政部而被法庭判定有罪，也判定和田一夫结束所有海外企业，回日本受审。当时，日本媒体称和田一夫将资金调动到中国，拖累了日本八佰伴，顿时，一夜之间，和田一夫变成了一个连累八佰伴股东和员工的罪人。这时，和田一夫作出了决定，宣布"自我破产"，交出所有财物，向企业界告别，搬到一个租来的房子里。

如今，和田一夫成立了"和田一夫企业咨询公司"，他的日常工作就是用电脑给许多企业家回答问题，为企业团体作演讲。同时，他以探讨自己的失败撰写了《从零开始的经营学》，这本书成为了日本经典著作之一。对此，和田一夫这样说："失败是我的财富，我想将这个企业咨询网络像当年八佰伴一样伸展到亚洲，甚至全世界。"

在迎接挑战之后，即便我们失败了，也没什么可怕的。失败并不可怕，因为只要在失败中不断地汲取教训，积累经验，终能将失败变成财富。其实，遭受失败并不可怕，关键是用积极的心态来面对，只要我们能改变心态，把每一次的失败都当作考验自己的机会，把它当作超越自己的一次机遇，那么，我们就不会沉浸在痛苦里，甚至会感谢失败让我们看清了真相，获得了经验。失败会让人变得成熟，它是人生的一笔宝贵财富。

● 心灵启示 ●

1. 失败乃成功之母

杰出的音乐家贝多芬由于耳聋与外界声音隔绝之后，仍坚持音乐创作并获得了巨大的成功；只受过三年正规教育，被老师认定是一个智力迟钝的学生——爱迪生，在经过不懈地努力之后，成为了最伟大的发明家。当人生遭遇了这么多打击与失败之后，他们并没有放弃，而正是通过这些失败，他们才走到最后的成功。

2. 不要计较失败带来的痛苦，而要学会感谢那些挫折

日本著名实业家原安三朗曾说："年轻时赚一百万的经验，并不能成为将来赚十亿元的经验，但损失一百万的经验，倒可以创造出赚十亿元的机会，逆境是锻炼人才最好的机会。"一个不能接受失败、只是计较失败带来的痛苦的人，永远无法看清楚成功的本质。从失败的教训中学到的东西，往往比从成功的经验中学到的还要深刻。成功，总是在经历多次失败之后才姗姗来迟。正确面对失败，是走向成功的重要能力之一。

敢于冒险，爱拼才会赢

《哈里·波特》的作者J·K·罗琳在接受哈佛大学荣誉博士学位的演讲时说："人们有一个共识，那就是人可以从挫折中变得更聪明、更强大，这句话意味着人从此对自己的生存能力有了更好的把握。如果没有苦难来考验你，那么你从来都不会真正懂得自己，也不会懂得你处理各种关系的力量有多大。"面对困难，不同的人有不同的感受：敢于冒险、意志坚强的人越是遭受挫折的打击，表现得越坚强；而内心畏惧、怯于冒险的人，在遭受困难的打击时，却表现得越来越怯弱，似乎困难变得更大了。其实，在这种情况下，困难并没有改变，而是我们自己不敢冒险，被眼前的困难吓倒了，才会从主观上夸大困难的程度。在生活中，我们要敢于去冒险，而不是被眼前的困难吓倒，在经过不断地尝试之后，你会发现，困难是可以被战胜的。

从前，有两位商人，他们经过多年的经商获得成功，生活过得十分惬意舒适。但是，令人奇怪的是，他们从来不知道狗长什么样子。有一位商人胆子很小，有一天，他看到街上有人在卖"狗"，就跑去问："这小家伙挺可爱的，叫什么呀？"卖狗的人回答说："它叫作'困难'，你要买吗？"胆小的商人迫不及待地回答："要，要，要。"他当即付了钱，要求卖狗的人将"困难"送到自己家里去。

到了家里，卖狗的人就离开了，胆小的商人想上前抚摸"困难"，"困难"马上凶狠狠地叫了一声："汪！"当即吓得胆小的商人浑身发抖，商人以为是自己站得太高，令"困难"感到不满意，于是，他伏下了身子趴在"困难"面前，伸出手想要抚摸它，没想到"困难"一张嘴就咬断了商人的两根手指头。商人跑出了家门，漫山遍野地奔跑，而"困难"就在后面紧紧地追赶着。突然，胆小的商人一不小心摔进了河沟，"困难"见状依然不依不饶地叫了几声才罢休，商人被救上来的时候，差点没了小命。

另一位商人在路上碰到了"困难"，商人不知道这是什么动物，便小心翼翼地上前想抚摸"困难"，可"困难"凶狠地叫了一声："汪！"还要上前来撕咬他，见状，敢于冒险的商人拿起自己的马鞭狠狠地抽了"困难"几下，它就变得老实了，对商人服服帖帖的。一天，两位商人同去庙里进香，告辞的时候，商人问老和尚："老师傅，拴在树边的那个小动物叫'困难'，它到底是什么动物啊？"老和尚笑着回答："人的一生有很多的困难，其实，困难是一条狗！你要怕它，它就凶狠；你要不怕它，它就驯服！"

原来，困难不过是一条狗，它欺软怕硬，你内心越是畏惧它，它就越强大；相反，你越不把它放在眼里，敢于去冒险，它就越对你表示恭顺。在生活中，困难只会对那些内心畏惧的人耀武扬威，因为内心越是畏惧的人，越是会认为挫折强大，最终，内心畏惧者在挫折面前只有失败。

瑟曼是一名普通学生，她从小就怕水，因此十分畏惧游泳课。每次，瑟曼看着在水中游泳的朋友们，心里就会涌上一种不舒服的感觉，面对朋友的邀请，瑟曼只能说："我怕水，所以不想下水。"朋友们笑着怂恿："不要因为怕水，你就永远不去游泳……"看着朋友们像海豚一样在水中自由地嬉戏，瑟曼满是羡慕，但是，她觉得自己还是不敢冒险。

一个月后，朋友邀请瑟曼去温泉度假中心，这次，瑟曼终于鼓起勇气下了水，她觉得人生是需要冒险的，如果连这点困难都战胜不了，自己怎么才能成长呢？但是，她还是不敢游到水深的地方。朋友鼓励她："试试看，让水没过头顶，看会不会沉下去。"瑟曼大吃一惊："你说什么？"内心畏惧的瑟曼摇了摇头，朋友亲自做了一次示范，在朋友的坚持下，瑟曼小试了一下，她发现朋友说得没错，这真是一种奇妙的体验。朋友笑着说："看，你根本淹不死，为什么要害怕呢？"

尼采说："当我们勇敢的时候，我们并不如此想，我们一点也不认为自己是勇敢的。"有时候，不敢冒险是源于我们总是在不断地逃避问题，那些怯弱而胆小的人通常都是这样。其实，当我们尝试着大胆迈出第一步，让自己的内心变得强大起来的时候，我们会惊讶地发现，再大的困难也不过如此。

• 心灵启示 •

1. 不要畏惧困难

有人说："困难是一条欺软怕硬的狗，你越是畏惧它，它就越威吓你；你越不把它放在眼里，它就越对你表示恭顺。"

因此，面对困难，强者容易变得更坚强，而弱者容易变得更软弱。在日常的学习，工作和生活中，我们都能够深深地体会到挫折、苦难，但只要我们从不畏惧，只相信汗水与坚韧，敢于冒险，那就一定会战胜困难。

2. 不要计较自己的胆小与畏惧

在困难面前，每个人都会自然地产生一种畏惧心理，总担心自己战胜不了，当自己尚未正式与困难交锋时，就已经被吓倒了。这样的人其实是在较真自己的胆小与畏惧，在更多的时候，困难也不过是一道门槛，只要我们勇敢地尝试，克服内心的胆怯，大胆去冒险，那再高的门槛也可以轻松地跨过去。

遇到生活的烦恼就笑纳

生活因充满各种各样的烦恼而富有挑战性。或许，我们都不喜欢生活赐予自己的这些突发的烦恼，但当它与自己不期而遇的时候，你也不要掉头或转向，因为烦恼是一个魔鬼，一旦他看上你，就会对你穷追猛打，不舍不弃。而那些不接受生活赐予烦恼的人，只会被烦恼纠缠得更悲惨。在生活中，我们要学会笑纳生活赐予的烦恼，创造斑斓的人生。曾经有人说："成功的人生是痛苦与失败的交织，是磨难与顺利的交替。"

如果你害怕生活中会出现烦恼，那你就会永远丧失走向成功的机会。卓越的人生是从卓越的目标开始的，卓越目标的背后必然是荆棘丛生，烦恼连连。只有经受了那些烦恼的打搅和坎坷的摔打，我们追求成功的意志才能坚强起来。可以说，历练是人生不可多得的宝贵财富，拥有这笔财富，再多的烦恼也能解决，没有什么烦恼可以把人吓倒。当我们解决完那些烦恼之后，方能创造辉煌的人生。

有一个穷人为农场主做事。一次，穷人在擦桌子时不小心碰碎了农场主一只十分珍贵的花瓶。

农场主向穷人索赔，穷人哪里能赔得起。最后被逼无奈，穷人只好去教堂向神父讨主意。神父说："听说有一种能将破碎的花瓶粘起来的技术，你不如去学这种技术，只要将农场主的花瓶粘得完好如初，不就可以了。"

穷人听了直摇头，说："哪里会有这样神奇的技术？将一个破花瓶粘得完好如初，这是不可能的。"神父说："这样吧，教堂后面有个石壁，上帝就待在那里，只要你对着石壁大声说话，上帝就会答应你的。"

于是，穷人来到石壁前，对石壁说："上帝请您帮助我，只要您帮助我，我相信我能将花瓶粘好。"话音刚落，上帝就回答了他："能将花瓶粘好，能将花瓶粘好……"

穷人听到后希望倍增、信心百倍，于是辞别神父，去学粘花瓶的技术了。

一年以后，这个穷人通过认真地学习和不懈地努力，终于掌握了将破花瓶粘得天衣无缝的本领。他真的将那只破花瓶粘得像没破碎时一般，还给了农场主。所以他要感谢上帝。神父将他又领到了那个石壁前，笑着说："你不用感谢上帝，你要感谢就感谢你自己。其实这里根本就没有上帝，这块石壁只不过是块回音壁，你所听到的上帝的声音，其实就是你自己的声音。你就是你自己的上帝。"

当生活的烦恼找到我们，我们应该记住，除了接受这些烦恼，努力去解决这些烦恼外，别无他法，没有人能够帮助你。其实，每个人都有解决烦恼的能力，许多人之所以解决不了人生或大或小的烦恼，那是因为他们没有接纳烦恼的良好心态，因此才无法缔造绚丽的人生。

安妮爱上了英俊潇洒的杰克。他对她来说很重要，安妮确信他就是她的白马王子。

可是有天晚上，他温柔婉转地对她说，他只把她当作普通朋友。安妮以他为中心的梦想世界当下就土崩瓦解了。那天夜里她在卧室里哭泣时，觉得记事簿上的"不要紧"三个字看起来荒唐得很。"要紧得很，我爱他，没有他我可不能活"。

翌日早上，她醒来后又想到这三个字，这时，她已经冷静下来了，她开始分析自己的情况"到底有多要紧？杰克很要

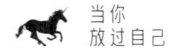

紧，我很要紧，我们的快乐也很要紧，但我会希望和一个不爱我的人结婚吗？"日子一天天过去，她发现没有杰克自己也可以生活得很好，也能快快乐乐地过好每一天。

几年后，一个更适合她的人真的来了。在兴奋地筹备结婚的时候，安妮把"不要紧"这三个字抛到了九霄云外，她不再需要这三个字了，她的生命中不会再有烦恼与失望。

有一天，丈夫和她得到一个消息：他们把所有的积蓄投资做生意，但这笔钱赔掉了。

安妮感到一阵酸楚，胃像扭作一团一样难受。她想起那句"不要紧"，"这一次可真的是要紧"，她心里想。

可是就在这个时候，小儿子用力敲打他的积木的声音转移了安妮的注意力。儿子看见母亲看着他，就停止了敲击，对她笑着，那笑容真是无价之宝。安妮把视线越过他的头望出窗外，两个女儿正在兴高采烈地合力堆沙堡。院子外面，绿树映衬着无边无际的晴朗碧空。看到此情此景，安妮顿时觉得胃舒展开来，心情恢复了平和。她对丈夫说"都会好转的，损失的只是金钱，实在不要紧"。

在生活中，总有这样或那样的烦恼出现，给我们的心灵带来巨大的压力。许多人会因为这些压力而变得一蹶不振，甚至会因此失去生活的勇气。其实，许多烦恼并不像我们想象的那么严重，面对这些狂风暴雨，假如我们能够尝试对自己说"不要紧"，接纳那些生活赐予的烦恼，那我们就会创造出无比灿烂的人生。

• 心灵启示 •

1. 对自己说"不要紧"

在生活中，我们每时每刻都可能遇到不如意的烦恼。但是，不要小看那些烦恼，那其实是生活赐予我们的宝贵财富。如果我们固执于此，任自己较真，沉溺在痛苦之中，只会更加烦恼。不如对自己说："没关系，不要紧，风雨之后，肯定会有彩虹。"这样想来，那些烦恼还能算什么呢？

2. 不要为生活的琐碎事情较真

相比较人生的挫折，生活中那些烦恼的小事情根本算不了什么。如果我们还总是为生活的琐碎事情而较真，那无疑是折磨自己，自寻烦恼。因此，不管生活多么糟糕，我们都要学会接受生活赐予的烦恼，通过解决这些烦恼，领悟生活的真谛，然后缔造幸福斑斓的人生。

经历挫折，是为了更好地前行

松下幸之助曾说："自古以来的伟人，大多是抱着不屈不挠的精神，在逆境中挣扎着奋斗过来的。"贝多芬也说："卓越人物的一大优点是：在不利与艰难的遭遇里百折不挠。"在人生这条充满荆棘的路上，我们常常会遇到这样或那样的挫折与困难。当然，不同的人对挫折有着不同的理解，有人说挫折是人生道路上的绊脚石，有的人却说挫折是一种磨砺，会让今后的路更加平坦。古人曰："百糖尝尽方谈甜，百盐尝尽才懂咸。"只有经得起挫折的考验，才能一往无前，抵达成功的彼岸，收获美满的人生。如果人生不经受历练，那就会显得单调、无趣。甚至，我们可以这样说，不经历挫折的人生是空白的。或许，我们并不知道前方有多少的挫折在等着我们，但有一点是很明确的，那就是这些挫折是不可避免的。在挫折面前，我们的力量是有限的，但挫折却是层出不穷的，当我们战胜了一个挫折，又会有更大的挫折在等着我们，人生就是这样一个不断前进的过程。

　　一位少年自认为看破了红尘，放下了一切，历经千辛万苦找到了隐藏在深山里的寺院，他要求见方丈并想出家，他认为自己只有在这里才能真正地洗去城市的繁华与浮躁。方丈仔细打量着少年，问道："做和尚要独守孤灯，终身不娶，你能做到吗？"少年坚定地回答："能。"方丈又问："做和尚要每日三餐粗茶淡饭，粗衣薄挂夏热冬寒，你能忍受吗？"少年回答说："能。"方丈又问："做和尚要无欲无求、无怨无恨，不问恩情，不记仇恨，无论任何时候都要心如明镜，不染尘埃，你能做到吗？"少年斩钉截铁地说："能。"然后，方丈问了一些关于佛法的东西，少年都能作出很好的回答。但是最后，方丈拒绝了少年出家的请求，而是把少年送下了山。临走时，方丈留下了这样一句话："未曾拿起莫谈放下，当你真正拿起时，你再回来告诉我你还能不能放得下。"

一个人若是没有经历过生活，自然不会理解生活的艰辛；一个人若是没有真正经历过挫折，自然不懂得选择快乐的角度。一旦挫折降临，就想要逃避这个世界，这本来就是一种不负责任的做法。所谓"不经一番寒彻骨，怎得梅花扑鼻香"。在生活中，只有那些真正经历过挫折锤炼的人，才能看到柳暗花明，因为经历了挫折，生活在他们眼里才变得更加绚丽多彩了。

小时候，妈妈总是这样说："你能做到，玫琳凯，你一定能做到。"玫琳凯女士不仅将这句话作为自己的座右铭，而且还将这句话作为公司的理念来激励更多未来的女性。玫琳凯坦言，自己想创建公司的这个想法是在遇到了一些挫折之后才真正开始浮现的。

玫琳凯女士曾在直销行业工作了25年，当时，她已经做到了全国培训督导。但是，眼看着自己的一位男下属得到了提拔，而且薪水将是自己的两倍，玫琳凯女士毅然决定辞职，去实现自己的一个理想。她说："我建立公司时的设想是想让所有女性都能够获得她们所期望的成功，这扇门将为那些愿意付出并有勇气实现梦想的女性带来了无限的机会。"然而，在创业之初，她经历了多次失败，也走了不少弯路，但是，她从来不灰心、不泄气，反而这样诙谐地解释："挫折是化了妆的祝福。"最后，她成功创建了玫琳凯公司。玫琳凯女士这样说道："从空气动力学的角度看，大黄蜂是无论如何也不会飞的，因为它身体沉重，而翅膀又太脆弱，但是人们忘记告诉大黄蜂这些。女性就是如此——只要给她们以机会、鼓励和荣誉，她们就能展翅高飞。"

挫折造就着生活。凡能成大事者，必须经得起挫折的历练，经得起失败的打击，因为自古雄才多磨难，成功需要风风雨雨的洗礼，而一个有追求、有抱负的人，他总是视挫折为动力。所以，挫折对于天才来说是一块成功的跳板，对强者来说则是一笔宝贵的财富。所谓的挫折是一所修炼人生的高等学府，你是否能顺利毕业则源于内心的强劲和忍耐力。

• 心灵启示 •

1. 挫折是迈向成功的垫脚石

曾国藩说："吾平生长进，全在受挫受辱之时，打掉门牙之时多矣，无一不和血一块吞下。"如果经不起挫折，受不了历练，处处抱怨，我们将深埋在痛苦的生活里，那永远看不到希望，也没有前进的方向。其实，挫折带来的并不全是坏事，它能使我们的人生绽放出最美丽的成功之花，而从挫折中汲取到的教训将是我们迈向成功的垫脚石。

2. 不为挫折内耗

挫折是一门生活必修课，但这并不是说挫折是不可战胜的。挫折的必然性让我们在遇到它时就没有必要怨天尤人，更没有陷入负面情绪中无法自拔。因为挫折不具备不可战胜性，所以，面对挫折，不必畏惧，迎难而上，直面挫折，把生活中的每一个挫折都看作是上天考验我们的一次机会，只要心中怀着必胜的信念，对自己说："我能行！"那么，我们就一定能战胜挫折，采摘到成功的果实。

逆境充满荆棘，却也蕴藏着成功的机遇

爱默生曾说："每一种挫折或不利的突变，都带着同样或较大的有利的种子。"换而言之，即便在黑暗的逆境之中，也往往孕育着璀璨的成功。在逆境中，往往隐藏着宝贵的经验与信念，其实，逆境是一笔不可缺少的财富。我们在遭遇逆境、面临失败的时候，都会产生某种程度的负面情绪，如果深陷其中不能自拔，那注定会遭遇失败。美国著名心理学家贝弗

利·波特认为，当一个人在工作中的失败感大于他所取得的成就感时，就很有可能对自己的工作失去热情，而当这种失败感以一定的频率固定出现的时候，他就很容易对自己的工作产生倦怠。面对逆境，我们所需要做的并不是自甘堕落、自暴自弃，而是不断地积累失败的经验，在逆境中铸就璀璨的成功。

伊扎克·帕尔曼出生在以色列的特拉维夫，父母都是波兰人，三岁半的时候，帕尔曼就开始拉小提琴。可是，天有不测风云，一年以后，帕尔曼的双腿因小儿麻痹症瘫痪了。但是，疾病并没有阻碍他的音乐天赋，九岁时他就开始在音乐会上演出了。许多人认为，对于帕尔曼来说，在这个竞争激烈的行业中，开独奏音乐会实在是太难得了。但是，帕尔曼并没有满足，他一次又一次地扬起心中的白帆，驶向音乐的海洋。"我一直在尽力着"帕尔曼对自己这样说，正是这种乐观的心态为他赢得人生的一次机遇。

帕尔曼13岁那年，有一天，美国国家电视台邀请帕尔曼到"埃德·沙利文综艺节目"做客，这对于帕尔曼来说简直是天赐良机。为了使帕尔曼的音乐天赋得到更好的发挥，他们一家人搬到了纽约，在那里，帕尔曼开始了自己的音乐之旅。帕尔曼开始在酒店演奏，当人们吃了晚餐之后，他们会说："好了，让我们来听一听年轻的帕尔曼给我们演奏《野蜂飞舞》和布鲁赫的《尼根》。"帕尔曼一直坚信"逆境之中也有可能成功"，秉承着这种信念，终于有一天，帕尔曼迎来的不再是同情的目光，而是雷鸣般的掌声，使他成为了世界顶级的小提琴演奏家。

莎士比亚曾说："逆境使人奋进，苦尽才能甘来。"在人生道路上，成功没有巅峰，追求没有止境，短暂的荣誉往往会束缚人们前进的手脚，一时的辉煌往往会消减人们的斗志。而逆境，让人痛心更催人奋进，让人难堪更让人坚定，让人们在想放弃时能鼓足勇气，想逃避时拾起自尊。逆境是成功的前奏，是一笔宝贵的财富。在逆境中奋进，在低谷中抓住机遇，不断地尝试，最终一定会拥抱成功。

1896年4月6日，现代奥运史上的第一个世界冠军诞生了，他就是詹姆斯·康诺利。

康诺利1895年被哈佛大学录取，学习古典文学。在学校时，他已经是当时全美三级跳远冠军了。听说奥运会即将在雅典举行，他便向学校请了8周假前去参赛，但学校拒绝了他的请求。康诺利执意要到奥运会上一试身手，于是他离开了哈佛，自己争取到了参加奥运会的资格，同另外13名选手踏上了去往欧洲的航程。

与他一同前去的其他美国同伴都是波士顿体育协会麾下的运动员，参赛是免费的。而康诺利太穷了，他享受不到这种待遇。他这次参赛是在一家很小的体育协会的赞助下成行的。由于资金紧张，他花掉了自己仅有的700美元积蓄，才登上了德国福达号货船。

就在起航的前两天，他伤了后背，几乎毁了他的全部计划。幸运的是，在从纽约到那不勒斯的17天航行中，他的伤痊愈了。但是刚下船，他的钱包又被人偷走了。这还不算，更为糟糕的事接踵而来：因为希腊历制和西方历制不同，比赛在他们到达的第二天就开始了，而不是他们原以为的12天之后；而对他更为不利的是，他的三级跳远项目的起跳要求是单足跳、单足跳、起跳，而不是他从小练习的传统跳法单足跳、跨步、起跳。

4月6日下午，三级跳远比赛开始了。在其他运动员跳完之后，康诺利最后一个出场。他走到沙坑前，把帽子扔到了一个别的运动员跳不到的位置上，大声呼喊自己要跳到帽子那里去。他在跑道上加速，按照新的规则，先两个单足跳，然后起跳，最后落在比他的帽子更远的地方，跳出了13.71米的好成绩，成为了当之无愧的现代奥运史上的第一个冠军。

通往成功的道路从来就不是一条风和日丽的坦途，人生必须渡过逆流才能走向更高的层次，最重要的是我们要能接受逆境的考验。当然，并不是每个人都能在逆境中坚持自己的决定。在这个故事中，面临着参加奥运会就要离开学校，而且自己要自费参赛的严峻考验，詹姆斯·康诺利坚持在这条不平坦的路上走下去，最终赢得了胜利。可以说，成功者大多起始于不好的环境并经历许多令人心碎的挣扎和奋斗，但在生命的转折点，他们通常能把握方向，扭转乾坤，缔造出色彩斑斓的人生。

● 心灵启示 ●

1. 每个逆境中都隐藏着机遇

席勒曾说："任何一个苦难与问题的背后，都有一个更大的祝福。"其实，伴随着逆境的除了祝福，还有其背后隐藏着的无限机遇。在我们的人生道路上，会遭遇很多逆境，如果缺乏自信，就会使畏惧之心蔓延开来，不仅抓不住机遇，反而会被困难吞噬。生活是一道选择题，当你选择了坚持，机遇就有可能会降临；但是，当你选择了放弃，机遇将永远放弃了你。没有经过逆境的磨炼，就不会有未来的璀璨与辉煌。

2. 战胜逆境，你就会成功

在人生的旅途中，明明知道成功就在前方，在逆境面前，有的人还是选择了放弃，最终他们丧失了成功的机会。所以，在逆境中，别抱怨，别畏惧，别退缩，要有"明知山有虎，偏向虎山行"的勇气和"千磨万击还坚劲，任尔东西南北风"的毅力，要持之以恒，砥砺前行，这样就一定能获取成功。

第 2 章

学会放下，
有一种成熟叫心灵松绑

有位长者说得好："人一生要学会的东西太多，唯有释怀，恐怕是很难学会的。"在人生的旅途中，我们总是恋恋不舍一些东西，却不知道心灵已经载满了沉重的行李。忙，固然是充实的象征，不过，面对难以缓解的压力，我们应该学会释怀，及时打开心灵的包袱，放飞快乐的心情。

当你放过自己

放下重负，奔向新生

曾经有位哲人说："当我们前行的时候，需要放下重负，让自己的心变得轻盈，这样才能更好地前行。"重负，有可能是我们心灵上的包袱，也有可能是我们肩膀上的负重。但不论是哪里存在的负担，这都将阻碍我们继续前行，甚至会让我们身心疲惫不堪。在人生的道路上，有的人因为负荷太重而步履维艰，有的人因为欲壑难填而疲于奔命；有的人因为深陷其中而难以自拔。如果你想要所走的每一步都充实而轻盈，就适时放下一些重负，让自己变得轻盈，这何尝不是一个可行的办法。生命如舟，载不动太多的物欲和虚荣，假如你不想这生命之舟搁浅或者沉没，那就应该放下重负，让自己轻松前行。

小宋从小就喜欢画画，拿着笔在墙上、报纸上涂画着五颜六色，妈妈看见了，就把他送到了美术班里学习。长大后的小宋更加喜欢绘画了，高考那年，他费尽口舌说服了妈妈，让自己报考美术学院。在大学里，小宋描画着自己的蓝图，他会坚持下去，通过画画挣钱来让妈妈幸福。

大学毕业后，小宋开始找工作了。他整天奔波于各家报社，希望能够成为报社的一名美术编辑，可是，各家报社的总编都以种种理由拒绝了他的求职申请。在多次碰壁之后，他绝望了，本来希望通过自己的一技之长带给妈妈幸福的生活，却发现社会根本没有自己的容身之地，养活自己已经很困难了。在现实的残酷打击下，他开始愈加颓废了，妈妈心疼地说："你既然那么喜欢画画，不如自己开一间画室吧。"

思索了很久，小宋决定放下心中的重负，自己开一间画室。于是，他向亲戚朋友借了十几万，再加上妈妈的积蓄，他开了一间属于自己的画室，既教小朋友画画，又出售自己的作品。几年之后，小宋的画室成为了这个城市有名的美术培训学校，他不仅还清了所有的债务，还拥有了自己的房子、车子和存折上不小的数字，当初给妈妈许下的承诺也实现了。他每天教授画画之余，还用心地钻研自己的作品，也逐渐提高了自己的绘画水平，在美术界里也成为了小有名气的画家。

对于绝大多数人而言，面对沉重的负荷，以及自己梦想得到的东西，他们无法放手，他们会本能地抓住那些东西，唯恐失去。在难以割舍之下，如果真的失去了，他们就会为得不到而烦恼，郁郁寡欢。小宋适时放下心中的重负，既解决了眼前的生活问题，而且也为自己实现梦想奠定了基础。

曾经有个人，他总埋怨生活的压力太大，生活的担子太重，他觉得很累，觉得被压得透不过气来。他试图放下担子，却又放不下。正当他不知所措时，他听人说，哲人柏拉图可以帮助别人解决问题。于是，他便去请教柏拉图。柏拉图听完了他的故事后，给了他一个空篓子，说："背起这个篓子，朝山顶走去。同时你每走一步，必须捡起一块石头放进篓子里。等你到了山顶的时候，你自然会知道解救你自己的方法。去吧！去找寻你的答案吧……"于是，年轻人开始了他寻找答案的旅程。

刚开始，他精力充沛，一路上蹦蹦跳跳，把自己认为最好的、最美的石头，都一个一个扔进篓子里。每扔进一个，便觉得自己拥有了一件世上最美丽的东西，很充实，很快乐。于是，他在欢笑嬉戏中走完了旅程的1/3。可是，渐渐地，空篓子里的东西多了起来，他开始感到篓子在肩上越来越沉。但他很执著，仍一如既往地前进。

而最后一个1/3的旅程确实是让他吃尽了苦头。他已经无暇顾及那些世界上最美丽、最惹人怜爱的东西了。为了不让沉重的篓子变得更重，他毅然舍弃了其中的一些，只是挑选了些非常轻的石头放进篓子。他深知，这样的舍弃是必要的。然而，无论他挑多轻的石头放入篓子，篓子的重量也丝毫不会减少，它只会加重，再加重，直到他无力承受。但最后，他还是背着篓子，艰难地走完了这最后的1/3旅程。

俗话说："远路无轻物。"人生就像是负重前行，当我们越行越远的时候，我们会感到举步维艰，也会抱怨自己怎么会选择这么多东西，但还是不舍得放手。直至终点，打开担子，我们才发现：那些我们曾经不忍释手的东西，现在对我们而言却是无用的东西。

心灵启示

1. 不要较真于内心

有时候，心灵的重负才是真正阻碍我们前行的绊脚石。如果我们总是较真于内心，无法放下某些欲望，那么是难以保持轻松的姿态前行的。因此，不要较真于自己的内心，要让不堪重负的心灵变得轻盈起来。

2. 学会放下

曾经有位哲人说："当我们无法得到的时候，放下也是一种智慧。"生活中需要我们坚持的东西太多，以至于我们承受不了现实给我们的压力，那么不妨学会放下一些东西，这是一种生存的智慧。正所谓：拿得起，放得下。只有学会放下，才能重新获得。只有放下了负担，你才能轻松前行，奔向新生。

别悔恨，化自责为正能量

在生活中，若是遭遇了灾难和不幸，我们本该静下心来寻找解决办法，但现实生活中的大多数人却总是不能自已，他们会纠结于自己的失误，不断地自责、悔恨，总会反反复复问自己：为什么不幸的总是自己？为什么总是做错事情？为什么上天总是这样不公平？遭遇失败之后，如果我们总是与自己较劲，涌上心头的永远是对自己的责备，以及对过去的悔恨，那我们还怎么有时间去拼搏、积极向上呢？或许，我们只会沉浸在自责与悔恨的痛苦之中，不断地较真在过去的失败和不幸之中，渐渐地身心变得越来越颓废，对未来失去了希望，内心的斗志也已经被失败的痛苦腐蚀，早已经忘记了重振旗鼓。当然，意志消沉之后，我们已经失去了挣扎的勇气，最后，只能如同行尸走肉般地活着。这样的人生，还有什么意义呢？如果在生活中遭遇了磨难和不幸，那么我们应该化自责与悔恨为力量，重振旗鼓，重新扬起生活的风帆。

一天夜里，小偷潜入了谈迁的家里，但是，他发现家里空荡荡的，根本没有什么值钱的东西。正当小偷失望而归的时候，他一眼瞥见屋子角落里有一个锁着的竹箱，小偷如获至宝，以为里面装着值钱的财物，就把整个竹箱偷走了。其实，那个竹箱里并没有什么值钱的东西，有的只是谈迁刚刚写好的

《国榷》书稿，对小偷来说，这东西一文不值，而对谈迁来说，却是无比珍贵的。

20多年的心血一夜之间化为了乌有，这对谈迁来说，是一个致命的打击。他已经年过半百，两鬓花白，似乎再无力坚持下去了。但是，谈迁没有放弃，他不断地鞭策自己：再写一本将会更精彩。在强大信念的支撑下，谈迁从痛苦中崛起，重新撰写那部史书。4年以后，又一部《国榷》诞生了，新写的《国榷》共104卷，428万余字，内容比之前的那部更精彩、翔实，谈迁也因此名垂青史。

如果在书稿《国榷》被盗之后，谈迁就一直沉浸在自责与悔恨的痛苦之中，那估计我们现在就无法浏览到如此精彩的《国榷》了。值得庆幸的是，谈迁虽然年过半百，但他还是放下了心中的痛苦，在痛苦中崛起，铸就了《国榷》这部传奇。

在金蒙特18岁的时候，她就成为了全美国最年轻、最受欢迎的滑雪选手，"金蒙特"这个名字出现在美国的大街小巷，照片也上了许多杂志的封面。美国人全部都看好金蒙特，认为她一定能为美国夺得奥运会的滑雪金牌。

然而，不幸总是降临在那些满怀希望的人身上。在奥运会预选赛最后一轮的比赛中，由于雪道太滑，金蒙特一不小心就从雪道摔了出去。当她在医院里醒来时，发现自己虽然捡回了一条命，但肩膀以下的身体却永远失去了知觉。金蒙特明白：人活在世界上只有两种选择，奋发向上或者意志消沉。最后，金蒙特选择了奋发向上，因为她对自己的能力坚信不疑。

当然，金蒙特改变了成为滑雪冠军的目标，在后来艰难的日子里，她依然追求着有意义的生活。她学会了写字、打字、操纵轮椅和自己进食，同时，金蒙特确立了自己新的信念，那就是成为一名教师。由于行动不便，当金蒙特向教育学院提出教书的申请时，学校的领导都认为她不适合当教师。但是，金蒙特想成为教师的信念十分坚定，她继续接受康复治疗，同时不放弃自己的学业，终于，皇天不负有心人，金蒙特获得了华盛顿大学教育学院的聘请，实现了自己的目标。

金蒙特在失去了做一名滑雪运动员的机会后，她并没有因自责而放弃自己的人生。虽然，这样的打击是残酷的，但她更明白，面对不幸只有两种选择，奋发向上或者意志消沉。最后，金蒙特没有沉浸在过去的痛苦回忆中，而是不再较真，给自己树立了与自己合拍的目标——做一名教师。或许，对一名正常人而言，做一名教师是很简单的事情，但对于金蒙特来说，却是比较困难的，好在她能够坚持下去。终于，她的所有努力都换来了应有的成绩。

• 心灵启示 •

1. 有时间抱怨，不如想办法改变现状

在生活中，有的失败和不幸是不可避免的，我们所能做的

就是接受，然后想办法改变现状。如果面对失败与不幸，你还有时间和精力去痛苦、悲伤、自责、悔恨，还不如好好利用现有的时间去打磨自己，从而放下内心的不甘和痛苦，然后重新拥抱成功。

2. 重振旗鼓，迎头赶上

在某些时候，要想赢得成功，还需要适时调整我们的心态。一旦遭遇失败，就应该选择重振旗鼓，调整心态，迎头赶上，而不是垂头丧气，自暴自弃。此外，我们还要冷静分析失败的原因，总结失败的经验，吸取其中的教训，然后鼓舞自己，重拾之前那种激动振奋的心情，再一次给成功一个热情的拥抱。

勇敢且坚定，当机立断

爱迪生说："没有放弃就没有选择，没有选择就没有发展。"生命并不是只有一处灿烂辉煌，学会包容过去，融通未来，创造人生新的春天，人生将更加明媚和迷人。对于人生中的种种，既然拿得起，就应该懂得放下。对于自己的过去，大可不必耿耿于怀，是好是坏都已经成为过去，且把它看作是一张白纸，放下了，心中就没有了埋怨与不满，生活的一切都会顺利平稳。假如我们认为人来到这个世界是应该有所作为的，那就更需要重视自己的存在。因为每个人的生命都是伟大的、富有创造力的，只是我们经常会忽略这一点。在生活中，从来不缺乏体验与成长的机会，即使身处绝境，不也正是开辟新天地的大好时机吗？当我们在前行的时候不堪重负，就应该学会放下，而不应该耿耿于怀，只有这样，我们才有力气继续前行。

有人说："人生最大的幸福就是拿得起，放得下。"一个人在处世中，拿得起是一种勇气，放得下更是一种肚量。对于人生道路上的鲜花、掌声，有智慧的人大都等闲视之，屡经风雨的人更是有自知之明。对于坎坷与泥泞，能以平常心对待，就十分不易。在人生的旅途中，若是遇到了大的挫折与大的灾难，可以不为之所动，可以坦然承受之，这就是一种肚量。禅宗以大肚能容天下之事为乐事，这便是一种很高的境界。对于生活中的种种，既来之，则安之，便是一种超脱，不过，这种超脱又需要经过多年的磨炼才能养成。拿得起，实在可贵；放得下，方是人生处世之真谛。

人生道路上有鲜花、有掌声，有多少人能等闲视之；人生路上也有坎坷泥泞、满地荆棘，又有多少人能以平常心待之。我们要学会坦然面对，拿得起、放得下，既来之、则安之，这是一种超脱的心境。"宠辱不惊，闲看庭前花开花落；去留无意，漫随天外云卷云舒。"宠辱不惊，乐天知命，那就是一份安详自在。

• 心灵启示 •

1. "拿得起，放得下"是一种平和的心境

佛曰："一花一世界，一木一浮生，一草一天堂，一叶一如来，一砂一极乐，一方一净土，一笑一尘缘，一念一清静。"这一切都是源于心境。一花一草便可以是整个世界，难得那份洒脱，难得那份豁达，更加难得的是那份心境。

2. 不执念，才能真正放得下

擅画者留白，擅乐者稀声，养心者留空。在生活中，人们往往是拿得起放不下，因为执念，他们难以放下各种欲望。其实，放下是一种智慧，它作为生存之态，是化繁后的睿智，是画龙后的点睛，是深刻后的平和。正如美国作家梭罗所说："一个人越是有许多事情能放下的，他就越富有。"而只有不执念了，我们才能真正地放下。

你猜疑越多，真诚就越少

猜忌是人性的弱点之一，从古至今，那都是害人害己的祸根，是卑鄙灵魂的伙伴。一个人假如掉进了猜忌的陷阱，那必定会处处神经过敏，对他人失去了信任，对自己也会心生疑窦。猜忌的人总是痛苦的，因为他连自己也不信，在这个过程中，他痛苦，甚至疯狂，那种纠结于内心的痛苦是旁人所无法体会的。那些习惯猜忌、猜疑心很重的人，整天疑心重重、无中生有，认为每个人都不可信、不可交往。由于现代社会的多元化，不知道在什么时候起，信任已经变成了奢侈品，我们经常会看到一些因信任而上当受骗的例子，因此就连我们自己也不再愿意轻易地相信某个人了。不过，我们始终不能忘了，信任是我们生活中最不可少的，如果缺少了信任，我们的生活就失去了阳光，世间也会少了许多温暖。

在《三国演义》中，曹操是一个喜欢猜忌别人的人，因此，他也做了不少冤枉别人的事情。

当曹操刺杀董卓失败后，与陈宫一起逃至吕伯奢家里。由于曹吕两家是世交，吕伯奢见到曹操来了，就想杀一头猪款待他。但曹操一听到庄后有磨刀的声音，便怀疑人家要加害自己，一声"缚而杀之"，更让他深信不疑。于是，曹操不分青红皂白，不问男女，杀了吕伯奢一家大小。一直杀到厨房，发现被捆着等待挨刀的大肥猪，才知道自己错杀了好人。

尽管如此，曹操还是赶紧与陈宫逃出庄外，正好路遇沽酒回来的吕伯奢，这时的曹操没有半点的愧疚之意，为了防止被追杀，他竟然对自己父亲的结义兄弟举起了带血的屠刀。

此外，曹操还有一大心病，他唯恐别人会趁自己睡觉时加害自己，于是，常常吩咐左右："我梦中喜欢杀人，我睡着的时候大家不要靠近。"有一天，曹操在帐中睡觉，被子掉在了地上，一个侍卫过来帮曹操把被子盖好。曹操跳起来，拔剑杀了侍卫，又上床继续睡觉。醒来之后，曹操故意惊问道："是谁杀了侍卫？"左右据实报告，曹操痛哭，命令大家厚葬侍卫。其实，曹操知道，自己是在有意识的状态下拔刀杀人的，但又唯恐失天下人心。因为猜忌，可谓是欲盖弥彰。

曹操的疑心病伴随了他一生，在这个过程中，他自己也是痛苦不堪。他每天不断地猜忌，猜忌有谁对自己不忠不敬，猜忌谁对自己有所企图，终日为猜忌所累，这就是疑心病给他带来的最大痛苦。

一艘货轮在大西洋上行驶，突然，一个黑人小孩不慎掉进了波涛滚滚的大西洋。孩子大喊救命，无奈风大浪急，船上的人谁也听不见，他眼睁睁地看着货轮拖着浪花越走越远。求生的本能使得孩子在冰冷的海水里拼命挣扎，他用尽全身的力气挥动着瘦小的双臂，努力让自己的头伸出水面，睁大眼睛盯着轮船远去的方向。

船越走越远，船身越来越小，到最后，什么都看不见了，只剩下一望无际的大西洋。孩子的力气快用完了，实在游不动了，他觉得自己要沉下去了。"放弃吧。"他对自己说。这时，他想起了老船长那慈祥的脸和友善的眼神，不，船长知道我掉进海里之后，肯定会来救我的，想到这里，孩子鼓足勇气用生命中最后的力量向前游去。

过了好长时间，船长终于发现那个黑人孩子失踪了，当他断定那个孩子是掉进海里以后，便立即下令返航回去找。这时有人劝道："这么长时间了，就是没有被淹死，也让鲨鱼吃了。"船长犹豫了一下，还是决定回去找。终于，在那孩子就要沉下去的最后一刻，船长赶到了，救起了孩子。

当孩子苏醒之后，跪在地上感谢船长的救命之恩时，船长扶起孩子问道："孩子，你怎么能坚持这样长的时间呢？"孩子回答说："我知道您会来救我的，一定会的！"船长好奇："你怎么知道我一定会来救你的？"孩子睁着天真无邪的眼睛，回答道："因为我信任你，我知道你是那样的人。"听到这里，船长"扑通"一声跪在黑人孩子面前，泪流满面："孩子，不是我救了你，而是你救了我啊！我为我在那一刻的犹豫而羞耻。"

对每一个人而言，可以完全被一个人信任是一种幸福，可以毫无保留地信任一个人也是一种幸福。当然，大胆地相信他人不是一件容易的事情，信任一个人有时需要许多年的时间，有些人甚至终其一生也没有真正地信任过任何人。

心灵启示

1. 不要因与自己猜疑而失去对别人的信任

有时候，我们难以去信任别人，问题不在于别人，而在于我们自己。因为我们总是猜疑，总是猜疑别人对自己是不是有不好的企图，是不是想加害于自己，这样的想法一旦多了起来，我们自然就难以信任他人。有时候，对方明明是值得我们信任的人，但因为猜疑，我们经常会失去这种信任。

2. 多一些信任

信任有时仿佛是易碎的玻璃花瓶，哪怕只是一句玩笑，都会对信任产生影响，甚至将信任弄得支离破碎，难以修复和挽回。当然，有的信任是经过多年的接触才建立起来的，同时，这样的信任也是经得起考验的。有人说："信任是开启心灵的钥匙，诚挚是架通心灵的桥梁。"如果我们能少一点猜忌，多一份信任，那么人们的心会更加贴近，我们的生活也会阳光普照。因此，我们要学会真诚待人，要对他人多一些信任。

真实地追求美，但别苛求完美

追求完美，似乎是每一个人的梦想，在生活中，有一些

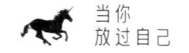

人总是在追逐繁复的完美，在这样追逐的过程中，无数的烦恼困扰着他们，愤怒、生气，越是较真，越是觉得心累。或许，在任何人的心中，完美都是一座宝塔，我们可以在内心里向往它、塑造它、赞美它，但是，却不能把它当作一种现实存在，否则只会让我们陷入无法自拔的矛盾之中。在某些时候，我们应该放下苛刻，别被不真实的完美压垮。一个人不能在自我怜悯中空虚地度日，最重要的是，我们不应该事事较真，而是要学会珍惜眼前的幸福。智者说："追求完美是人类正常的渴求，同时，也是人类最大的悲哀。"对于我们而言，应该放下内心的苛刻，放弃追逐完美的诉求，最终拥抱简单的快乐。

有个学生在课堂上向沙哈尔提问道："请问老师，您是否知道您自己呢？"沙哈尔心想：是呀，我是否知道我自己呢？他回答说："嗯，我回去后一定要好好观察、思考、了解自己的个性以及心灵。"

本·沙哈尔教授回到家里就拿来了一面镜子，仔细观察着自己的外貌、表情，然后来分析自己。首先，沙哈尔看到了自己闪亮的秃顶，想："嗯，不错，莎士比亚就有个闪亮的秃顶。"随后，他看到了自己的鹰钩鼻，心想："嗯，大侦探福尔摩斯就有一个漂亮的鹰钩鼻，他可是世界级的聪明大师。"他又看到了自己的大长脸，就想："嗨！伟大的美国总统林肯就有一张大长脸。"他还看到了自己的小矮个子，就想：

"哈哈！拿破仑个子就很矮小，我也是同样矮小。"最后他看到了自己的一双大撇撇脚，心想："呀，卓别林就有一双大撇撇脚！"

于是，第二天他这样告诉学生："古今国内外名人、伟人、聪明人的特点集于我一身，我是一个与众不同的人，我将前途无量。"

或许，在别人看来，本·沙哈尔的长相既不出众，更算不上完美，但是，他很会欣赏自己。怀着这一种知足常乐的心态，他将自己身体的每个部分都与名人、伟人、智者扯上了关系，那么，即使自己的五官不是完美的，但自己一定是一个前途无量的人。本·沙哈尔不再苛求完美，因此他收获了一份最简单的快乐。

一个失意的人找到了智者，他向智者诉说着自己的遭遇和无奈，哀叹道："为什么在我的生命里总是找不到绝对的完美呢？"智者沉思了许久，问道："可能是你自己对这个世界苛责太多，所以，烦恼才会找到你。"说完，智者舀起了一瓢水，问失意者："这水是什么形状？"失意者摇摇头："水哪有什么形状？"智者不语，只是将水倒入了杯中，失意者恍然大悟："我知道了，水的形状像杯子。"智者没有说话，又把杯子里的水倒入了旁边的花瓶，失意者悟然："我知道了，水的形状像花瓶。"智者摇摇头，轻轻拿起了花瓶，把水倒入了

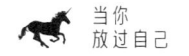

盛满沙土的盆里,水一下子渗进了沙土,不见了。智者低头抓起了一把沙土,叹道:"看,水就这么消失了,这也是人的一生。"失意者陷入了沉思,许久才说道:"我知道了,你是通过水来告诉我,社会处处就像是一个个不规则的容器,人应该像水一样,盛进什么样的容器就成为什么形状的人。"

智者微笑着说:"是这样,也不是这样,许多人都忘记了一个词语,那就是水滴石穿。"失意者大悟:"我明白了,人可能像被装于瓶中的水,但也能像这小小的水滴,滴穿坚硬的石头,我们要像水一样,能屈能伸,不能要求多么规则的容器,而是需要做到既能尽力适应环境,也要保持本色,活出自我。"智者点点头,说道:"当你不再较真,放下了心中的苛求,你会发现,任何事物都是完美的,自然,你也获得了久违的快乐。"

生活的快乐在于简单,生命的美丽在于真实,纵然有诸多缺憾,但它却是无法复制的、无与伦比的美丽。所以,朋友们,不必较真,不必苛求,不必去追求一些不真实的完美,因为美丽的事物总会伴随着一些缺憾。

• 心灵启示 •

1. 放下苛责的心态

追逐完美,本身就是一种苛责的生活态度,为了达到心中完美的目的，人们苛责自己、苛责他人，苛责一切的人和事。要知道，金无足赤，人无完人。在这个世界上，本来就没有绝对完美的事物，而那所谓的"完美"终究伴随着缺憾。如果我们一味地将追求完美的茧一层一层地套在身上，那么最终，我们只会作茧自缚、困于其中，无法挣脱。

2. 以平常心看待缺憾

古人云：人有悲观离合，月有阴晴圆缺。人生不必苛求完美。每个人的一生中总会经历不同的坎坷或挫折，没有一个人可以保证他就是完美无缺的。上帝对于每个人来说都是公平的，他给予了你一样东西，肯定会拿走另一样东西，关键是你要以平常心去看待生命里的缺憾。

别攀比，找到自己的独特之美

有人坦言：最害怕的就是参加各种同学会，因为现在的同学会简直就是"攀比会"，比事业，比地位，比房子，比车子，比银子……越比越急，越比越累。其实，这样的烦恼都是自找的，放下攀比之心，做最好的自己，你一定会轻松很多。我们所没能明白的是，生活中的差别是无处不在的，我们很容易会在这种差别中产生攀比心理，并且习惯性地将自己所做的贡献及所得的报酬与别人进行比较。如果两者大致相等，就会感到心理平衡；如果对方强过自己，那我们就会心理失衡。比如，某些人看到与自己同等级别的人用车比自己高级，住房比自己宽敞，甚至自己还不如某些级别和职务低的人，心里就会感到很不平衡。其实，这就是典型的攀比心理。

从前，有一位贫穷的农夫，他有一位非常富有的邻居，邻居有一个很大的院子，有一栋非常气派的房子，还有一辆漂亮的马车。对此，农夫产生了攀比之心，心想：他一个人住那么大的房子，可我呢？一家五口人拥挤在一个小草房里，上天真是太不公平了。每次遇到这位邻居，贫穷的农夫都会冷漠地走开，似乎这样一种姿态可以满足自己的自尊心。到了晚上，农夫就开始痛苦了，他翻来覆去就是睡不着，总想着自己为什么不能住上邻居那样的大房子。

后来，村子里来了一位智者，据说，他能给那些痛苦的人指点迷津，从而让他们过上快乐的日子。农夫觉得自己也应该去看看，来到那里，发现人们已经排了很长的队伍，而排在自己前面的不是别人，正是那位邻居。农夫感到很奇怪："这样一位富有的人也会感到痛苦吗？"过了半天，邻居进去了，农夫还在外面等着，可是，直到太阳下山，邻居还没有出来，农夫的嫉妒又开始了："上帝真是不公平，怎么智者就跟他说了这么多。"终于，邻居出来了，脸上还显露出从未有过的笑容。

农夫心中一动，急忙走了进去，智者说："你为何而痛苦啊？"农夫回答说："我总是看我那位邻居不顺眼。"智者微笑着说："这是攀比心在作怪，你需要做的就是克制自己，想想自己所拥有的东西。"农夫十分生气："智者啊，你怎么也那么偏袒呢？给我的邻居那么多忠告，却只给我简单的两句话。"智者说："你一进来，我就猜到你是为什么而痛苦，是贫穷所带来的攀比心理。可是，那位富人进来，我只看到他殷实的外在，看不到他精神的匮乏，详细询问了才知道他的症结所在。"农夫不解："他也会感到不快乐吗？"智者说："当然，虽然他比你富有，房子比你大，但是他孑然一身。而你呢？你还有贤惠的妻子和可爱的孩子，现在，你想想，你所拥有的是不是他所缺乏的，这样一想，你就不会痛苦了。"听了智者的话，农夫心中释然了，他感到快乐的日子离自己不远了。

俗话说："人生失意无南北。"即便是在富丽堂皇的宫殿里也有悲恸，而在破旧不堪的瓦屋中也会有笑声。只是，在平时生活中，不管是别人展示的，还是我们所关注的，总是风光的、得意的一面。

在某单位有一位小职员，过着安分守己的平静生活。有一天，他接到了一位高中同学的邀请电话。十多年未见，他带着重逢的喜悦前往赴约。昔日的老同学经商有道，住着豪宅，开着名车，一副成功者的派头，这让小职员羡慕不已。自从那次见面以后，他就好像变了一个人，整天唉声叹气，逢人便说自己心中的苦恼："这小子，以前上学时考试老不及格，凭什么现在有那么多钱？"同事安慰说："我们的薪水虽然无法和富豪相比，但不也够花了嘛！"

小职员懊恼地摇摇头："够花吗？我的薪水积攒一辈子也买不起一辆奔驰车。"同事却看得很开："买不起奔驰也一样能上班下班、外出旅行，一样过得挺好。"可那位小职员却终日郁郁寡欢，后来竟然得了重病，卧床不起。

在生活中，有很多我们一直很在意的东西，与别人比较，根本没什么可比性，做好自己才是最智慧的选择。

• 心灵启示 •

1. 降低不切实际的期望值

其实，幸福往往就在我们身边，但不少人却无从感知，这就是"身在福中不知福"。有时候，我们必须对自己的能力有一个较为清醒的认识，不能太较真，不能过多地与人攀比，要抛弃不切实际的幸福期望值。如果你能降低不切实际的期望值，就会发现幸福是唾手可得的。

2. 做好独特的自己

俗话说："天外有天，人外有人。"其实，我们每个人都有自己的独特之处,别人拥有的未必适合你,你所拥有的往往是别人所羡慕的。因此,抛弃攀比之心,做好自己,才能更接近幸福。

第 3 章

留有余地，
做事才能进退自如

俗话说："利不可赚尽，福不可享尽，势不可用尽。"给他人留条路，实则就是给自己留余地。在生活中，如果我们凡事较真到底，不给别人留后路，企图赶尽杀绝，那实际上也是把自己逼进了死胡同。因此，不管是说话还是做事，都需要给别人留条路，给自己留点余地，以备不时之需。

说话留有余地,才能进退自如

有一位年轻人与同事之间有了点摩擦,闹得很不愉快,他便对同事说:"从今天起,我和他断绝所有关系,彼此毫无瓜葛。"没想到,这话说完不到两个月,这位同事就成为了他的上司。年轻人因说话太绝很尴尬,只好辞职,另谋他就。在生活中,凡事总会有意外,说话留点余地就是为了容纳那些"意外"。杯子留有空间,就不会因为加进其他的液体而溢出来;气球留有空间,便不会爆炸;一个人说话为他人和自己留点口德,便不会因意外的出现而下不了台,从而可以进退自如。中国有句古话:"说话留一线,今后好见面。"把话说得太绝对、太较真,我们自己便失去了回旋的余地。没有了回旋的余地,自己的思维便会被束缚,最终一事无成。换而言之,说话留点口德,那是为了自己能更好地发挥。

在生活中,我们既生在社会,也长在社会,是具备一定的社会性的。说到底,人生就是一个与他人周旋的过程,假如我们说话太不到位,说得太绝对了,自己就会处于被动局面。很多时候，生活中的尴尬与难堪往往是因为话说得太绝，对我们而言，凡事多一些考虑，留有余地，总能给自己留条后路，这样的一条准则在外交辞令中是常见的。我们若是仔细观察，就会发现每个外交部发言人从来都不会说绝对的话，他们通常会说"可能、也许"，要么就是含糊其辞，以便一旦发生变故，可以有回旋的余地。当我们在说话的时候，要提醒自己给他人或自己留有余地，使自己可进可退。就好像在战场上一样，进可攻，退可守，这样有了牢固的后方，就可以出击对方，还能够及时地退回，使自己居于主动的位置。

林肯在年轻时不仅喜欢评论是非，而且还经常写诗讽刺别人。在伊利诺伊州当见习律师的时候，林肯仍然喜欢在报上抨击反对者。1842年，他再一次写文章讽刺了一位自视甚高的政客詹姆士·席尔斯。林肯在《春田日报》上发表了一封引起全镇哗然的匿名信嘲弄席尔斯，使他被人们引为笑料。自负而敏感的席尔斯当然愤怒不已，他努力找出了写信的人，还派人跟踪林肯，并下战书要求决斗。林肯虽然能写诗作文，却不善打斗。但迫于情势和为了维护尊严，林肯只得接受挑战。到了约定的那天，林肯和席尔斯在密西西比河岸见面，准备一决生死，幸好这时有人挺身而出，阻止了他们的决斗。

通过这件事，林肯吸取了教训，此后，他说话小心谨慎，懂得为对方留有余地。这个人生中的小插曲可以说为他后来成为永垂青史的伟大总统奠定了基础。

在说话时，即便是我们绝对有把握的事情，也不要把话说得太绝对，因为绝对的东西容易让他人挑刺。而现实情况是，假如对方真的有意挑刺，那还真的能从里面挑出毛病来。因此，与其给别人一个挑刺的借口，还不如自己把话说得委婉一点。因为假如我们不把话说得绝对，我们还可以在更为广阔的空间与对方周旋。

服务员小王发现客人张先生结账之后仍然住在房间，而这位张先生又是经理的亲戚，怎么办呢？如果直接去问张先生什么时候离开，这样显得很不礼貌。但如果不问，又怕张先生赖账。于是，善于说话的小王敲开了张先生的房间："您好！您是张先生吗？"张先生回答说："是啊！您是？"小王面带微笑回答说："我是服务员小王，您来了几天了，我们还没有来得及去看您，真是不好意思，听说您前几天身体不舒服，现在好点了吗？"张先生回答说："谢谢您的关心，好多了。"小王试探性地问道："听说您昨天已经结账了，今天没走成，是不是因为这几天天气不好，航班取消了？您看我们能为您做点什么？"张先生面带歉意地说："非常感谢！昨晚结账是因为我的表哥今天要返回，我不想账积得太多，先结一次也好。医生说，我的病还需要观察一段时间。"小王松了一口气："张先生，您不要客气，有什么事情尽管吩咐我们好了。"张先生回答说:"谢谢!有事我一定找你们。"

在这个案例中,小王去找张先生谈话,目的是弄明白他到底是走还是不走。但这个问题不好开口,搞不好还会得罪张先生,甚至得罪经理。但小王说话非常圆滑,先是寒暄几句,然后问张先生需要什么样的帮助,很关心的样子,使得张先生很感动,不自觉说出了原因。如此一来,小王回旋的余地就很大,她可以当作什么事情都没有,然后巧妙告别。

● 心灵启示 ●

1. 话不能太绝对

俗话说:"宁吃过头饭,不说过头话。"对于绝对的东西,人们心里总会有一种排斥感,比如,当我们较真地说"事实完全就是这个样子",这时别人会反驳:"难道一点儿也不差?"假如连我们自己都还没有彻底弄清楚的时候,或者仅仅是代表个人看法,那更不要用那些绝对的字眼,这样会因为我们的绝对化而引起别人的怀疑,甚至引起他人的反感。

2. 不能把话说过了头

常言道:病从口入,祸从口出。任何人和事物都有存在的道理,说话时若是违背了常理,那就会给别人留下把柄。因此,说话时不要把话说过了头,不能太较真,要留有余地,否则会引起对方的不快,最后为难的还是自己。

给人留面子，是最好的相处之道

　　每个人都有争强好胜之心，因此总想比别人站得高一点，其实这是做人的大忌。有些人懂得在恰当的时机保住别人的面子，因为他们明白，给别人留面子就是给自己留出路。"面子"是一件很重要的事情，所谓"士可杀，不可辱"就是这样一个道理，在有些交际场合，面子甚至比生命还重要。人际交往最重要的是"和"，和气才能生财；经商讲究"通"，路子通了才能财源广进。假如你处处不给别人留面子，别人就会对你心存怨恨，也不会顾及到你的情面，暗中堵了你的门路，最后吃亏的还是自己。但如果你给了别人面子，那结果就会很不一样。给别人留面子，会让对方的虚荣心得到满足，这时对方也会给你留面子，适时给你留条后路，这岂不是皆大欢喜的事情吗？

　　公元1368年，朱元璋登基，建立明朝。一天，一位穷朋友从乡下来到京城皇宫门前求见明太祖。朱元璋听说是以前的老朋友，非常高兴，马上传他进殿。谁知这位穷朋友一见朱元璋端坐在宝座上，相貌似乎与以前没有多大变化，便忘乎所以直通通地说："我主万岁！你还记得我吗？从前你我都替人家放牛，有一天我们在芦花荡里把偷来的豆子放在瓦罐里清煮，还没等煮熟，大家就抢着吃，甚至把罐子都打破了，撒了一地的豆子，汤也都泼在泥地上。你只顾满地抓豆子吃，不小心连红草叶子也送进嘴里，叶子梗在喉咙里，苦得你哭笑不得，还是我出的主意，叫你用青菜叶子吞下去，才把红草叶子带下肚里去……"这个人还想继续说下去，可朱元璋早就听得不耐烦了，嫌这个孩提时的朋友太不顾情面，于是大怒道："推出去斩了！推出去斩了！"

后来，这件事让另外一个穷朋友知道了，心想这个老兄也太莽撞了，对于曾经与朱元璋的旧情，只需见好就收，何必说了那么一大堆，反而扫了朱元璋的面子。于是，他心生一计，信心十足地去见他小时候的朋友，也就是当今的皇帝。这个穷朋友来到京城求见朱元璋。行过大礼，这个人便说："吾皇万岁万万岁！当年微臣随驾扫荡芦州府，打破罐州城，汤元帅在逃，拿住了豆将军，红孩儿挡关，多亏了菜将军。"朱元璋一听，不禁大笑，他认出了眼前的这个孩提时的朋友，心中更为此人巧妙地暗示他们小时候在一起玩耍的事而高兴，于是让他做了御林军总管，留在了自己的身边。

同是儿时朋友，所受到的待遇却是迥然不同。前者说话太莽撞，不懂得给朱元璋留面子，本来，你若是与朱元璋有旧情，只需点到为止即可，却偏偏扯出那么多过去的往事，当着这么多人的面，把朱元璋儿时的糗事一股脑儿说出来，岂不是不留情面。试想，这时已身为明太祖的朱元璋怎么能受得了这样的戏谑。最终那位穷朋友非但没有讨到好处，反而赔上了自己的性命；而后者只是简单地聊了儿时的趣事，其中还包含了对朱元璋的敬仰，给足了朱元璋面子，最后他做了御林大将军。这个故事告诉我们：给别人留面子，其实就是给自己留后路。

在杂志社，能受邀参加一年一度的杂志社评审工作是一项殊荣。许多人对此向往已久。不过，很少有人会这么幸运每年都在应邀之列，最多就是连续参加一两次，之后就绝缘了。但王先生却是比较幸运的一个，他每年都会受邀参加此项工作，同行们对此羡慕不已。

在他退休的时候，他才道出了其中的奥秘："其实，要说专业眼光，坦率地讲，我并不是特别在行，而且我的职位也不高，不足以成为别人重视我的原因。我相信，我之所以每年都会被邀请，就是因为我善于给所有人面子，这看起来是件小事，可是它产生的影响却是难以想象的。虽然不是所有的杂志都办得那么出色，但在公开的评审会议上我始终坚持一个原则：多称赞，常鼓励，少批评。毕竟每一份杂志都有它的优点，而对于不足之处，我就会等会议结束后在私底下找来杂志的编辑人员沟通，指出他们的缺点。"

尽管在杂志评审活动中，杂志的名次有先后，但王先生让所有人都很有面子，也难怪这项活动中的所有人员和编辑都尊重他、喜欢他。这样看来，他每年都在受邀行列也算是情理之中了。

• 心灵启示 •

1. 得饶人处且饶人

在生活中，有可能会出现这样的情况：对方无意之中犯下了错误，可你却总是揪着对方的错误不放，说话越来越过分，丝毫不顾及对方的情面。其实，不管对方是无意的还是有意的，既然错误已经发生了，再说那么多话也于事无补。所谓"得饶人处且饶人"，批评的话也见好就收吧，别不给对方面子，他日对方若有了出头之日，定会向你讨这旧耻雪恨。

2. 给对方留面子，就是给自己面子

许多人不知道这样一个道理，你若是给了别人面子，其实就是给自己面子。可能在现阶段，对方的处境并不怎么样，但是，你也没必要赶尽杀绝，硬是要扫了他的面子。正如那句话：出来混的，迟早是要还的。凡事多与人为善，今天你给对方留面子，日后他肯定会把这面子留给你。

3. 对别人敏感的事情不要较真

俗话说："打人不打脸，揭人不揭短。"隐私就是不可公开或不必公开的某些事情，有可能是缺陷，有可能是秘密。因此，我们在进行语言交流的过程中，对别人的隐私不要较真，即使无意中提到了那么一两句，也需要见好就收，别不给对方面子。

当你放过自己

为他人着想，就是在为自己着想

有时候，成全他人就是在成全自己。大凡有智慧的人都有成全他人的美德，绝对不会做那些损人利己的事情，因为他们清楚，损人的事情未必会利己，不如放下自己的私利，多为别人着想。不可否认，每个人都是有私心的，每个人都希望能满足一己私利，对于别人的利益则是采取漠不关心的态度。不过，在人际交往中，如果我们为了追求个人利益而对别人不管不顾，甚至想着去抢占别人的利益，这样的做法是相当愚蠢的。当你抢夺了大量利益的同时，其实也将自己置身于一个四面楚歌的境地。所谓"得人心者得天下"，当你为了自己的私人利益，不惜去堵住别人前进的路时，在众人眼中，你不过是一个只懂得追求私利的人。他们损失了一些利益并没有关系，但你最后的结局一定是悲惨的。因为一个再优秀的人，他也会有落魄的时候，到那时候，那些被自己因私利而伤害过的人，只会袖手旁观，而不会伸出援助之手。

在一个茫茫沙漠的两边，有两个村庄。从一个村庄到另外一个村庄，假如绕过沙漠走，至少需要马不停蹄地走上二十多天；假如横穿沙漠，那只需要三天就可以抵达。但横穿沙漠实在太危险了，很多人试图横穿沙漠，结果无一生还。

有一天，一位智者路过这里，让村里人找了几万株胡杨树苗，每半里一棵，从这个村庄一直栽到了沙漠那端的村庄。智者告诉大家说："假如这些胡杨有幸成活了，你们可以沿着胡杨树来来往往；假如没有成活，那么每一个走路的人经过时，要将枯树苗拔一拔，插一插，以免被流沙给淹没了。"果然，这些胡杨栽进沙漠后，很快就全部被烈日烤死了，成了路标。沿着路标，在这条路上大家平平安安地走了几十年。

有一年夏天，村里来了一个僧人，他坚持要一个人走到对面的村庄化缘。大家告诉他说："你经过沙漠之路的时候，遇到要倒的路标一定要向下再插深一些，遇到要被淹没的路标，一定要将它向上拔一拔。"

僧人点头答应了，然后就带了一皮袋的水和一些干粮上路了。他走啊走啊，走得两腿酸累，浑身乏力，一双草鞋很快就被磨穿了，但眼前依旧是茫茫黄沙。遇到一些就要被尘沙彻底淹没的路标，这个僧人想：反正我就走这一次，淹没就淹没吧。他没有伸出手去将这些路标向上拔一拔，也没有伸出手去将那些被风暴卷得摇摇欲倒的路标，向下插一插。

然而，就在僧人走到沙漠深处时，寂静的沙漠突然飞沙走石，有些路标被淹没在厚厚的流沙里，有些路标则被风暴卷走了，没有了踪影。这个僧人像没头苍蝇似的，怎么也走不出这个沙漠。在气息奄奄的那一刻，僧人很懊恼：假如自己能按照大家吩咐的那样去做，那么即使没有了进路，还可以拥有一条平平安安的退路啊！

当我们放下一己私利，为他人着想的时候，其实也是为自己留了条后路。试想，当我们舍去自己的私人利益，全心全意为别人着想的时候，定然会赢得别人的信任以及感激，一旦我们自己有了困难，肯定也能受到别人慷慨解囊的帮助。

印度伟人甘地，有一次乘火车，他的一只鞋子掉到了铁轨旁，此时火车已开动，再下去已没有可能。于是甘地急忙地把还穿在脚上的另一只鞋子也脱下扔到第一只鞋子旁边，这才回到自己的座位上。

同行人不解地问甘地为什么这样做，甘地认真地说："这样一来，路过铁轨旁的穷人就能得到一双鞋子。"

甘地遇事考虑更多的不是自己的处境，而是别人。掉了一只鞋子后，他想到的却是，只有两只鞋子才能成双，也才能被人利用，这在一般人看来，简直就不可思议。但正是甘地懂得处处为他人着想，因此才走到了印度领袖的位置，这也是他的过人之处。

● 心灵启示 ●

1. 不要为一己私利而过分计较

对于自己的一点私人利益，不要过分计较，而是要学会释怀。我们应该明白，获得了再多的利益也比不上人际交往中所获得的真诚相待，当我们为了私人利益而不顾别人的死活时，不仅会让别人对我们心生厌恶，而且我们自身也会寝食难安。因此，千万不要过分计较自己的一点利益。

2. 学会换位思考

佛说：凡是能站在别人的角度为他人着想，这个就是慈悲。因此，当别人遭遇挫折或困难的时候，我们要学会换位思考，多为别人着想。假如对方需要帮助，我们应该向其伸出援助之手，帮助其渡过困难，所谓"赠人玫瑰，手有余香"，即便牺牲一点自己的私人利益，那也是值得的，因为我们换来了真诚的友谊。

理直应气和，得理应饶人

俗话说："饶人不是痴汉。"当我们与别人有了矛盾并已经发生冲突的情况下，自己占理得势了，就应该有"得饶人处且饶人"的风范，别较真，更不要企图把对方逼到绝路上去，那样只会使矛盾进一步激化，甚至破坏原有的关系。得理且饶人，不仅给对方留有面子，也给自己留了一条退路。假如你今天得理不饶人，焉知以后二人不狭路相逢？如果到那时他有理你无理，你就只有吃亏的份儿了。得理饶人是一种宽容的态度，更是一种"己所不欲，勿施于人"的情怀。当别人与我们发生了争执或冲突时，不妨显示出宽容的胸怀，学会原谅他人，同时，也让自己从中受益。

马路边的人行道上人很多，一个光着头的年轻小伙子不小心踩到了一位老大爷的脚。小伙子赶忙说："我没注意，对不起。"

老大爷脾气不好，张口就说："这么大一小伙子，眼神不好啊，欺负我这么大岁数的人干吗？"老大爷的话实在让小伙子反感，抱歉变成了反击："不小心踩了就踩了，可我什么时候欺负您了啊？"老大爷更不高兴，说："得得得，现在的年轻人都不学好。我看你那样儿，监狱里刚放出来的吧？"这下小伙子可火了："你这人怎么说话呢？"说完就要往前冲，多亏旁边的人左劝右劝，好不容易才让他俩消了气。

任何带着火药味的语言都是具有攻击性的，会让对方感觉不舒服，也阻挡了两人之间的正常交流，引起一些不必要的冲突和争执。老爷子的做法就是典型的得理不饶人，本来只是一件小事情，但他却为了这件小事情而斤斤计较，最终导致矛盾激化。

一位高僧受邀参加素宴，席间，发现在满桌精致的素食中，有一盘菜里竟然有一块猪肉，高僧的随从徒弟故意用筷子把肉翻出来，打算让主人看到，没想到高僧却立刻用自己的筷子把肉掩盖起来。一会儿，徒弟又把猪肉翻出来，高僧再度把肉遮盖起来，并在徒弟的耳畔轻声说："如果你再把肉翻出来，我就把它吃掉！"徒弟听到后再也不敢把肉翻出来。

宴后高僧辞别了主人。归途中，徒弟不解地问："师傅，刚才那厨子明明知道我们不吃荤的，为什么还把猪肉放到素菜中？徒弟只是要让主人知道，处罚处罚他。"高僧说："每个人都会犯错误，无论是有心还是无心。如果让主人看到了菜中的猪肉，盛怒之下他很有可能当众处罚厨师，甚至会把厨师辞退，这都不是我愿意看到的，所以我宁愿把肉吃下去。"

在生活中，待人处世固然要"得理"，但绝不可以"不饶人"，留一点余地给那些得罪自己的人，自己非但不吃亏，反而会有意想不到的收获。每个人的价值观、生活背景都很不相同，因此在生活中出现分歧是在所难免的。如果仅仅为了自己的面子，得理不饶人，非要逼得对方鸣金收兵或投降不可，结果虽然你赢得了面子，但往往也会为下一次"斗争"吹响前奏。因为对方失去了面子，他是不会善罢甘休的，日后一定会找机会报复回来。

• 心灵启示 •

1. 别较真，当心他日狭路相逢

假如我们得理不饶人，让对方走投无路，就有可能激起对方的反感。对方有可能会不择手段，不顾后果地来争得失去的面子，这样一来，自己免不了就会受到伤害。你若不较真，给对方一条生路，他不仅不会伤害你，更会对你心存感激。而且，这个世界本来就很小，所谓"三十年河东，三十年河西"，如果哪一天两人狭路相逢，这时自己是弱势，他是强势，他会怎么对待你呢？

2. 得理饶人，是给对方留后路

俗话说："得理须饶人。"留一点余地给那些得罪自己的人，给对方一个台阶下，少说两句，得理饶人。否则，不仅消灭不了眼前的敌人，还会让更多的人疏远自己，甚至将自己逼入险境。放对方一条生路，给对方留点面子和立足之地，这样做其实也为自己留了一条后路。

做人别太满，凡事留三分

人生犹如走路，我们总会遇到道路狭窄的地方，这时最好选择停下来，让别人先走。凡事让人三分，我们对生活就不会有那么多的抱怨了。你让他人三分，对方就会心存感激，同样也会让你一步，而这一步有可能会帮助我们走向成功之路。相反，如果我们处处不懂得让步，事事较真，别人就会心怀怨恨，就会想方设法阻碍我们进步，那即便前方是一条大路，也会充满艰难险阻。正所谓"得饶人处且饶人"。有些人无理争三分，得理不让人；有些人真理在握，得理也让人三分。前者往往是生活中不安定的因素，而后者则具有一种天然的向心力。如果我们成为了别人讨厌的人，那一定是因为我们身上有让人讨厌的特质；别人愿意和我们在一起，那一定是因为我们有值得亲近的特质。所以，在发生冲突和矛盾的时候，不要一味地较真到底，而要懂得让人三分，反省自己的言行是否有不妥的地方，是否对别人造成伤害。经常反省自己，适时给别人留条后路，其实也是在为自己留余地。

小王今年十八岁，在暑假期间，他跟随妈妈一起去市场买鱼。女摊主缺斤少两，在秤头上做了一些手脚，多收了他妈妈一元钱。就在妈妈与女摊主理论的时候，小王飞起一脚，将对方的脾脏踢致破裂，致使对方被迫进行脾脏切除术。最后，一时冲动的小王锒铛入狱，因为故意伤害罪被判处有期徒刑5年，刚刚接到的大学通知书也只得束之高阁，大好前程被葬送，同时，他父母还赔偿了对方两万元的手术以及营养费用。

小王最后的结局在于他太冲动，不懂给对方留条后路，不懂得忍耐，最后因为一元钱的失利而引发了一场悲剧。如果在当时，小王能够多忍耐，能够为那位女摊主留一条后路，那无疑也是为自己留了余地，那么事情肯定不会发展到最后的惨痛局面。

从前，有相邻的两户人家，一家在外地做官，另一家是本城的商贾。两家都在建房子，房子建得差不多了，在砌围墙时，双方为地界发生了争议，吵得不可开交，闹到最后，"鸡犬相闻，老死不相往来"。为了区区三尺地，无论是官宦人家还是商贾大户各不相让。做官的那一家，拿出杀手锏——连忙去信给官人告状。没隔多久，官人来了回信，信上说："来信为争三尺房，让他三尺又何妨，万里长城今犹在，不见当年秦始皇。"

官家看完信后，顿时恍然大悟：为了三尺地既伤了两家的和气，又气坏了自己的身体，实在是不值，随后，立即主动把墙退后三尺。对面那一商家，看到此景，深受感动，也在原地界退后三尺砌上围墙。这两道围墙中间形成了一条巷子，后人就给这条巷子取名为"六尺巷"。

让他三尺又何妨呢？为了三尺地既伤了两家的和气，又气坏了自己的身体，实在是不值，不妨主动让步，把墙退后三尺。这样对面商家看见了，深受感动，也让出三尺。于是，这两家之间竟然空出了六尺宽的巷子。原来，我们在让别人三分的同时，也为自己赢得了更宽的道路，这何尝不是一件美事呢？

在生活中，做事应该让人三分，不可把事情做绝。人生在世，不能一条路走到黑，认死理，而是应该学会让步，适时采取圆融变通的方法随机应变，以便有足够的条件和回旋的余地。世界上的事情是复杂多变的，任何人都不应该心存侥幸，不能凭着锱铢必较的心态而让别人无路可走，而是要学会尊重每一个人，给对方留一条后路。千万不要以为这是对别人的施恩，因为你在给予对方一条后路的同时，其实也是为自己留了一个回旋的余地。

● 心灵启示 ●

1. 不较真，其实就是给自己留后路

古人云："处事须留余地，责善切戒尽言。"做任何事情，进一步，应让三分。如果凡事都较真，势必让对方无路可走，这样也会给自己日后的生活带来无尽的烦恼。人生在世，千万不可使某一事物沿着某一固定的方向发展到极端，留有余地，就是不把事情做绝，不把事情做到极点，这样于人于己都是最好的。

2. 让三分，留余地

《菜根谭》曰："滋味浓的，减三分让人尝；路径窄处，留一步与人行。"留人宽绰，于己宽绰；与人方便，于己方便，这就是古人总结出来的处世秘诀。给自己留余地，有进有退，进退自如，以后更能机动灵活地处理事物，解决复杂多变的社会问题；给别人留余地，也就是说，无论在什么情况下，也不要将别人推向绝路，不可逼人于死地，否则会让对方做出极端的反抗，如此一来，对双方都没有好处。

原谅别人的错误，就是成全自己

俗话说："胸中天地宽，常有渡人船。"在生活中，我们要学会原谅，而不是紧紧抓住别人的错误不放。你原谅了别人，其实就是给自己留下了一片海阔天空。面对他人的错误，如果我们选择了生气、较劲，甚至是仇恨，那么，可能我们之后的生活将在愤怒中度过，这是因为我们的内心始终得不到解脱，会变得十分沉重、压抑而郁闷，每天都充满了痛苦。所谓原谅别人，就是善待自己。当我们选择了原谅，放弃了内心的愤怒，那么，在宽待他人的同时，我们的心灵也会得到解放，更会收获一分心灵的感动。所以，原谅犹如一枚解药，放过了他人，同时，我们自己也获得了解脱。原谅别人就是对自己的宽容，一个人若总是处处较真，那他是没办法获得好心情的。不较真了，心情也好了，这对自己何尝不是一种宽容呢？

有一次，发明大王爱迪生和他的助手辛辛苦苦工作了一天一夜，终于做出了一个电灯泡。他们非常珍惜这个成果，就叫来一个年轻的学徒，让他把这个灯泡拿到楼上的实验室好好保存。这名学徒知道这是个重要的东西，心里非常紧张，结果在上楼的时候，不住地哆嗦，一下子摔倒了，把电灯泡摔得粉碎。爱迪生感到非常惋惜，但没有责罚这名学徒。过了几天，爱迪生和他的助手又用了一天一夜制作了一个电灯泡，做完后，爱迪生想也没想，仍然叫来那名学徒，让他送到楼上。这一次，什么事也没有发生，这个学徒安安稳稳地把灯泡拿到了楼上。事后，爱迪生的助手埋怨他说："原谅他就够了，你何必再把灯泡交给他呢，万一又摔在地上怎么办？"爱迪生回答："我这是在教导他，改正错误不是光靠嘴巴说说的，而是要靠做的。"

试想，如果爱迪生是一个斤斤计较的人，他早就火冒三丈，开始怒骂那位学徒，甚至，会选择开除对方作为一定的惩罚。有的人太过于计较，特别是自己的利益遭受到一定损失的时候，他们的情绪就会一下子失控，恨不得马上将自己的利益抢回来，自然，他们对犯错者也是毫不留情面的，这样很容易就会使双方之间产生矛盾和冲突。

在一次战斗后，只剩下两名战士，他们与大部队失去了联系。有缘的是，这两人来自同一个小镇，而且，还是一对好朋友。他们在森林中艰难跋涉，互相安慰，可是，十多天过去了，他们仍然没有与大部队联系上。有一天，他们打死了一只鹿，凭着鹿肉艰难地度过了几天。在之后的几天里，他们继续前行，但再也没看到任何动物，只剩下一点鹿肉。

这一天，两名战士在森林中与敌人相遇，经过一场激战，两人巧妙地避开了敌人。就在他们脱离了危险的时候，枪声却响了。走在前面的那个年轻战士中了一枪，幸运的是伤在了肩膀上。后面的那位士兵惶恐不安地跑过来，他害怕得语无伦次，抱着年轻战友的身体泪流不止，赶快撕下自己的衬衣将战友的伤口包扎好。那天晚上，没有受伤的战士一直念叨着母亲的名字，他们都认为自己熬不过这一关了。但是，尽管他们十分饥饿，谁也没有动那仅存的鹿肉。幸运的是，第二天大部队救出了他们。

这是一个发生在"二战"时期的故事，故事虽然讲完了，但是，事情还没有结束。三十年过去了，那位曾受伤的战士坦言："我知道是谁开的那一枪，他就是我的战友，在他抱住我时，我感觉到他的枪管是热的，令我感到疑惑的是，他为什么对我开枪？但是，当天晚上我就原谅了他，我知道他想独吞那点鹿肉，我知道他想为了母亲而活下来。于是，我假装根本不知道这件事，也从来不提起这件事。战争还没有结束，他的母亲就去世了，我们一起祭奠了她。在那一天，战友跪下来，请求我原谅他，我没有让他继续说下去，我们继续做了几十年的朋友，我原谅了他。"

• 心灵启示 •

1. 斤斤计较只会让自己更痛苦

当别人无意中犯了错误，我们所能做的最好的选择就是原谅。在生活中，有的人喜欢较真，即便错误已经发生了，他们还会一遍遍地在别人面前强调这是错误的，在这个过程中，不仅他自己变得异常痛苦，同时还会让对方有受侮辱的感觉。假如对方已经开始反省，你若一再地较真，只会让他终止反省的行为，而对你心生厌恶。

2. 原谅对自己而言是一种解脱

我们经常看到有的人难以原谅朋友的过错，结果他一直对那件事耿耿于怀，即便在多年以后，内心还是有一个疙瘩。其实，这么多年来，那位朋友估计早就忘记了，痛苦的不过只有他自己。要知道，原谅是世上最温柔的归咎。原谅别人的错误，对自己而言也是一种解脱。

第 4 章

不慕名利，别陷于贪婪和执念

邹韬奋说："一个人光溜溜地来到这个世界，最后光溜溜地离开这个世界，名利都是身外物。只有尽一人的心力，使社会上的人多得到工作的裨益，才是人生愉快的事情。"人生在世，关键在于看淡名利，不被名利所困扰，一切顺其自然，不因升迁而喜，不因落选而悲。

荣誉只是一时的，认真生活最重要

当一个人成功了，他所收获的不仅是利益，还有名誉。名誉与身份、地位是相关联的，它只是一种象征，是一种隐喻。就中国传统文化而言，人们对名誉的重视程度丝毫不亚于其对经济与金钱的重视程度。对某些达官显贵的人而言，名誉问题关系到权威，这是必须尽力维护的东西。在古代，人们看待名誉甚至比生命更重要，诸如古代的君臣，要穿什么衣服上朝，要在什么地点下跪，要以什么样的规矩书写奏折等，这些都是一种名誉的象征。对名誉问题呼声最高的莫过于"士可杀不可辱"，必要时可以用生命捍卫名誉。虽然，在现代生活中，名誉并不如古代时那般重要，但追逐名誉的人还是熙熙攘攘，络绎不绝。殊不知，有时候，名誉的光环只会笼罩一时，如果你一辈子活在这个荣誉的光环之中，那无疑是停止了自己的脚步，同时也局限了自己的人生目标。

居里夫人是一位卓越的科学家，生前曾两次获得诺贝尔奖，107次获得名誉头衔。但正如爱因斯坦说的："在所有的著名人物中，居里夫人是唯一不为名誉所腐蚀的人。"

有一天，居里夫人的一个女友来她家做客，忽然看见她的小女儿正在玩英国皇家学会刚刚奖给她的一枚金质奖章，女友大吃一惊，忙问："居里夫人，能够得到一枚英国皇家学会的奖章，这是极高的名誉，你怎么能让孩子玩呢？"居里夫人笑了笑说："我是想让孩子从小就知道，名誉就像玩具，只能玩玩而已，绝不能永远守着它，否则将一事无成。"

1910年，法国政府为了表示对居里夫人的尊崇，决定授予她骑士十字勋章，但是居里夫人拒绝接受。几个月后，她和杰出的物理学家、著名的天主教徒布朗利一起竞选科学院院士。但是，当时许多人反对妇女进入科学院，最后，居里夫人只差一票落选了。失败的消息传来，居里夫人的助手们以及实验室工人内心别提有多难受了。

青年物理学家们都在默默地准备一些安慰的言辞，想给自己的导师一些慰藉。没想到居里夫人就像平常一样微笑着从她的工作室里走了出来。她非常平静，看不出有一丝一毫的苦恼，甚至没有对这次竞选说一句评论的话。大家非常钦佩，非常感动，仍像往常一样，又随着居里夫人——这位把名誉看得淡如水的女性一起搞科学实验了。

两次获得诺贝尔奖，这对于普通人而言，是一种何等的殊荣。但对居里夫人而言，却是："我是想让孩子从小就知道，名誉就像玩具，只能玩玩而已，绝不能永远守着它，否则将一事无成。"名誉只是暂时的，它所闪耀出来的光环也是一时的，如果你仅仅依靠着名誉过日子，那最后可能连最初那点光环也会渐渐地暗淡下去。

莱特兄弟，也就是威尔伯·莱特和奥维尔·莱特，他们是美国发明家。1903年他们成功地完成首次飞行试验后，兄弟两人名扬全球。虽然成为了世界知名人物，然而他们却完全没把声名放在心上，只是默默地工作，不写自传，不参加无意义的宴会，也从不接待新闻记者。

有一次，一位记者要求哥哥威尔伯发表讲话，威尔伯回答说："先生，你知道吗，鹦鹉喜欢叫得呱呱响，但是它却怎么也飞不高。"

还有一次，奥维尔和姐姐一起用餐，吃到一半，奥维尔顺手从口袋摸出一条红丝带擦嘴，姐姐看见了问他："哪来的红丝带，这么漂亮？"

奥维尔毫不在意地说："哦，这是法国政府发给我的荣誉奖章，刚刚嘴巴沾油没手帕用，我就拿来擦嘴了。"

不可否认，名誉是对一个人成功的奖赏，对其本人而言，应该值得去回味。但与此同时，名誉也是一个休止符，如果你满足于目前所拥有的名誉，不再奋斗，甚至将所有的心思都花在了如何保持自己的名誉上，这样只会让自己停止前进的脚步。

• 心灵启示 •

1. 放下名誉

因为放不下名誉，一些人一味地追求虚名与浮利，紧张忙碌，疲于奔命，最后在周围喧闹的欢呼声中迷失了自己。因为放不下名誉，他们害怕受打击，墨守成规，小心翼翼，满足于自己目前所拥有的成绩；因为放不下名誉，他们东奔西跑，请客送礼，只为保住自己的名誉，但最终与他们之前所得的名誉背道而驰、渐行渐远。

2. 正确看待名誉

其实，名誉本身无所谓好坏，最关键的在于你如何看待。人们往往容易忘却过去的失意愁苦，却舍不得那些名誉带来的耀眼光环。殊不知，只有告别过去，我们才能投入当下，创造新的生活。学会看淡名誉，轻松前行，我们将会走得更远。

慷慨待人，别人也会对你大方

在生活中，我们经常会看到这样一群人：抠门、小气，与人交往总是只进不出。人们称这样的人为"守财奴""铁公鸡"。什么是守财奴？顾名思义，就是只知敛财不知用度的人。莎士比亚在喜剧《威尼斯商人》中塑造了一个吝啬鬼的形象——夏洛克。他是一个资产阶级高利贷者，为了达到赚更多钱的目的，在威尼斯法庭上他凶相毕露："我向他要求的这一磅肉，是我付出了很大的代价买来的，它是属于我的，我一定要把它拿到手里。"与所有的守财奴一样，他的本性是贪婪。在现实生活中，守财奴是令人鄙夷的。一个人要是太过吝啬就会受到人们的嘲弄和讽刺，太为金钱的流失而较真，这样的人只能一辈子抱着金钱生活。假如一个人既吝啬又小气，那可以肯定，他注定只能成为"孤家寡人"。

在《儒林外史》中，严监生算是一个守财奴的经典形象了。听听严监生是如何向舅爷诉苦的："便是我也不好说。不瞒二位老舅，像我家还有几亩薄田，日逐夫妻四口在家度日，猪肉也舍不得买一斤，每当小儿子要吃时，在熟切店内买四个钱的，哄他就是了。"

严监生临死之前，他把手从被单里拿出来，伸着两个指头。大侄子走上前来问道："二叔，你莫不是还有两个亲人不曾见面？"他摇了摇头。二侄子走上前来问道："二叔，莫不是还有两笔银子在哪里，不曾吩咐明白？"他两眼睁得滴流圆，把头又狠狠地摇了几摇，越发指得紧了。

奶妈插口道："老爷想是因两位舅爷不在眼前，故此纪念。"他听了这话，把眼闭着摇头，那手只是指着不动。赵氏慌忙揩揩眼泪，走近上前道："爷，别人都说的不相干，只有我知道您的意思，你是为那盏灯里点的是两根灯草不放心，唯恐费了油。我如今挑掉一根就是了。"说罢，忙走去挑掉一根灯草，众人再看严监生时，只见他一点一点把手垂下，登时就没气了。

这个经典的镜头成为了守财奴的标准画像，严监生就是一个为两根灯草而不肯咽气的土财主。人的一生是十分短暂的，钱财跟生命比起来简直是一文不值，哪怕你有万贯家财也不能买下来一秒钟的生命。

从前，有一个十分吝啬的人，他从来没有想过要给别人东西，连别人叫他说"布施"这两个字，他都讲不出口，只会"布、布、布……"大半天过去了，他还是"布"不出来，好像自己一讲出这两个字就会有所损失似的。但是，唯一让他感到纳闷的是，比他还要穷的人都生活得快乐幸福，而他却不知道幸福的滋味。

佛陀知道了这件事，就想去教化这个吝啬的人，佛陀来到了他住的城镇，开始宣扬"布施"。佛陀告诉大家布施的功德：一个人这辈子会富有，比别人长得漂亮，所有一切美好的事物，都跟他上辈子的布施有关。那个吝啬的人听了佛陀的话，心里很有感触，但是，自己就是布施不出去，他为此感到十分懊恼。于是，他跑去找佛陀，对佛陀说："世尊啊！我很想布施，但是，就是做不到，你能告诉我该怎么办吗？"佛陀在地上抓了一把草，将草放在那个吝啬人的右手，然后要他张开自己的左手，告诉他说："你把右手想成是自己，把左手想成是别人，然后把这草交给别人。"可是，那个吝啬的人一想到要把这草给别人，他就呆住了，心里不舍得交出去。他看了看自己的左手，赫然发现："原来左手也是我自己的手。"他心里豁然开朗，一下子就把草交出去了。佛陀笑着说："现在你就把草交给别人吧。"那个吝啬的人真的将草交给了别人。在以后的生活中，他学会了将自己的财物布施给别人，最后把自己的房子也布施给了别人，然而，他的身心获得了一种从来没有体验过的幸福与快乐。

一个人无法给予另一个人真正的发自肺腑的温暖，就不可能有精神上的快乐，也不可能得到他人的馈赠。虽然我们拿出了一些金钱，但却给别人带去了一丝温暖和慰藉，这何尝不是一件美事呢？金钱，生不带来，死不带去，当花则花，你对人大方了，别人才会对你大方。

• 心灵启示 •

1. 不计较在金钱上对别人的帮助

有时候，身边的朋友或同事在金钱上有了困难，我们应该大方援助，因为在帮助别人的同时，我们也将收获一份精神上的快乐。在交际中，不要总想着别人出钱，而自己一毛不拔，这样只会让自己的人际圈子越来越狭窄。

2. 看淡金钱

俗话说："钱乃身外之物，生不带来，死不带走。"在生活中，幸福与快乐来自我们的内心，而不是金钱所带来的优越的物质生活。对金钱，我们要看淡，这样我们才不会被金钱所驱使，要学会成为金钱的主人，而不是金钱的奴隶。

着眼于事业，别沉迷于虚名

在生活中，一些人总是为名声威望所累，平步青云的位高权重者，也总担心自己被人看不起，总想折腾点大动静以掩饰心中的不安，扬名天下似乎是每个心怀志向者的毕生梦想。对此，有人说："名关不破，毁誉动之，利关不破，得失惊之。"在名声和威望面前，我们更应该保持平静，气定神闲不仅是一种修养和风度，更是做大事者应持有的状态。一个人应该有高远的理想，壮志凌云、气冲霄汉，同时，还要像诸葛亮以"宁静以致远，淡泊以明志"为人生格言一样，对那些诱惑人的名声和威望，我们也要看淡。可能，有的人会觉得，壮志凌云和淡泊名利似乎自相矛盾，其实，这两点不仅不矛盾，甚至还是一个和谐统一的整体。一个人有着远大的理想，与其淡泊名声和威望的态度，并无直接关系。在现实生活中，我们要踏实做人，不要被名声威望所累。

当代知识分子的楷模马祖光院士，一生淡泊名利，克己奉公，只求奉献，不求索取。1999年，马老师得知学校把为自己申报院士的材料寄出以后，就十万火急地给中科院发出了这样一封信："我是一个普通教师，教学平平，工作一般，不够推荐院士条件，我要求把申报材料退回来。"他的理由是很多比自己优秀的学者还没有成为院士，了解他的人都知道他的话发自内心。

过了两年，新的院士评审规则要求申报材料必须由申请者本人签字，马老师却拒绝签字。申报期限最后一天，原校党委只好以校党委名义到他家做工作。即便这样，马老师还是不同意签字："我年纪大了，评院士已经没有什么意义了，应该让年轻的同志评。我一生只求无愧于党就行了。"领导说话了："你评院士不是你自己的事情，这关系到学校，是校党委作出的决定。你是一名党员，应该服从校党委的安排。"然后，领导接着话题聊到了学校的党建工作，这激起了马老师对入党以来的美好回忆："我这一辈子都服从党组织的安排。"领导赶紧接过话头："那你再听从一次吧。"

不过，在考察马老师材料的时候，不少人产生了疑问：作为光学领域的知名专家，马老师的贡献是有目共睹的，可在许多论文中，他的署名却是排在最后，为什么呢？

通过对其同事的询问，才知道其中缘由。马老师从德国回来后，把自己在国外做的许多实验数据交给同事测试，测试完成之后的论文他修改了三四遍，当同事将马老师的名字署在最前面的时候，马老师却一口回绝了，坚持把他的名字排在了最后。

后来，马老师被评上院士后，学校给他配了一间办公室，并要装修。马老师着急了："要是装修，我就不进这个办公室。"最后他不仅没进去，还把办公室改成了实验室。马老师和六个同事挤在一个办公室里，大家说太拥挤了，他却说："挤点好，热闹！"

马老师经常说这样一句话："事业重要，我的名声并不算什么！"

一个人不管取得了怎么样的成绩，都应该清醒地认识到：一个人的力量和作用是有限的，我们应该不计较名声、威望的得失，不计较荣辱进退，吃苦在前，享受在后，把自己的一切都奉献给社会。李白曾在《将进酒》中说："古来圣贤皆寂寞，惟有饮者留其名。"圣贤之所以会寂寞，是因为他们志存高远而淡泊名声。

• 心灵启示 •

1. 名声和威望不过是身外之物

与金钱一样，名声和威望只不过是身外之物，它的存在不过是让某些人的虚荣心得到极大满足。在生活中，大多数人都是普通人，只有少数人才能集名声与威望于一身。不可否认，名声和威望带给我们精神上的优越感是诱惑人的，但如果你活着仅仅是为了这个目的，那对自己岂不是一种折磨？

2. 心存志向，踏实做人

在生活中，你只需要踏实做人，心存高远志向。当人生达到了自己的既定目标，那就是一种成功。名声和威望是别人给的，很多时候根本契合不了心灵的节奏。如果不想自己太累，那就踏实做人，看淡笼罩在自己身上的名声和威望。

宠辱不惊，不为名利所累

"天下熙熙，皆为利来；天下攘攘，皆为利往"。从古至今，"利益"始终扮演着让人追捧的角色，它拥有一大群崇拜者，人们甘愿拜倒在金钱的石榴裙下。于是，在利益的诱惑下，人们为财富而痴迷，深陷其中而不能自拔。孟子说："鱼

第4章 不慕名利，别陷于贪婪和执念

我所欲也，熊掌亦我所欲也，二者不可得兼，舍鱼而取熊掌者也。"可以说，对利益最大化的追求是人类乃至所有生命与生俱来的本能和欲望。甚至，在欲望的驱使下，人们为了追逐利益，会丧失良心、道义，那些利欲熏心的人并未意识到自己在追逐利益的过程中会失去更多的东西。利是一把双刃剑，你越是渴求，它给你带来的伤害就越大。当今社会，经济已经渗透到社会的每一个角落，因而也形成了"视金钱如粪土"者寥寥、"爱财"者攘攘的状态。面对利益，如果你以一种平常心来对待，决然舍弃那些不属于你的财富，也许命运的眷顾就会让你获得更多的利益；假如你以一种贪婪的心态来对待，总是千方百计地想获得那些诱人的财富，越是渴求，那么你越有可能什么都得不到，或者会失去更多的财富，甚至最后你还会被利益的剑刃所伤。

杨小姐是某省某商学院的会计，却因贪污罪、挪用公款罪被该市中级法院判处有期徒刑18年，本来一个聪明能干的会计，现在却只能在监狱中服刑。回忆起如何一步一步走向深渊，杨小姐自己也唏嘘不已，悔不当初。

大学毕业后，杨小姐就被商学院聘用为会计。之后，她认识了现在的丈夫，开始了幸福的家庭生活。正当她的人生道路一帆风顺时，有一天，下海经商的丈夫提议杨小姐帮他筹措一笔资金，短期内周转一下，并暗示可以挪用公款。当时，杨

小姐虽然表面上严词拒绝了，内心却展开了激烈的思想斗争。借，党纪国法不容；不借，丈夫有困难自己岂能袖手旁观？正当杨小姐犹豫不决时，丈夫又一次言辞恳切地提出了相同的要求，并信誓旦旦地保证，一星期内肯定还款。她开始动摇了，正是这第一次，使她迈进了泥潭，难以自拔。一个星期在焦虑不安中过去了，可丈夫还款的诺言变成了"明日歌"。杨小姐每日心惊胆战，上班怕同事、领导发现自己挪用公款的事实，下班怕听到丈夫无款可还的回答。丈夫投资失败了，那挪用的公款也亏损得一干二净。

这个时候，杨小姐已经在心惊胆战中丧失了理智，竟然又一次听信丈夫再借一笔款项一定还的保证。结果第二笔款与第一笔一样，也是泥牛入海，踪影全无。为了还钱，杨小姐决定再次铤而走险，挪用公款30万元，企图投入股市赚钱，结果损失惨重。为了逃避责罚，她离开当地，试图外出寻找机会赚钱。然而，"天网恢恢，疏而不漏"，不久，杨小姐就落入了法网。

本是干着一份让别人羡慕的工作，但杨小姐却因为对利益的渴求以及目无法纪的行为而毁掉了自己的一生。庞大的公款对于每一个人来说，都是一种致命的诱惑，如果克制不了自己的欲望，就会掉入这万丈深渊。

2008年，三鹿毒奶粉案震惊全国。奶商明明知道三聚氰胺有毒，仍以此为原料，研制出专供在原奶中添加含三聚氰胺的混合物，累计生产775.6吨，销售600多吨，销售额683.2万元。正定金河奶源基地负责人也是明知三聚氰胺对人体有害，仍先后将400多千克的三聚氰胺粉直接加入牛奶中销售，销售金额约280万余元，导致全国30多万名婴幼儿患肾结石及6人死亡。两名奶商被河北石家庄中级人民法院分别以危害公共安全罪及产销有毒食品罪判处死刑。

《礼记·大学》中写道："生财有大道：生之者众，食之者寡，为之者疾，用之者舒，则财恒足矣。"这告诉我们生财也要有道，这才是真正的取舍之道。生财有道应该以人为本，应该极力地克制自己内心深处的贪欲，克制自己对利益的过度渴求。

• 心灵启示 •

1. 利是一把双刃剑

利益从来都是一把双刃剑，当我们在享受利益带来的优越生活的同时，却没意识到自己的一只脚已经踏入沼泽了，你越是挣扎，陷得越深，这就是利益带给我们的双重礼物。在生活中，我们要正确看待利益，对利益，追求应有度。当然，不可能说完全不追求利益，毕竟我们自己的生活也需要得到最基本的保障。

2. 追逐利益，以"人性"为出发点

在当今社会，任何财富的取得都要以"人性"为出发点，

坚决不以私人利益而谋取"损人"的财富，不要因对财富的过度追逐而丧失了基本的人性。面对财富，只有做到了取舍有道，方会赢得财源滚滚。

追求名利，往往会迷失自我

佛家说："打透生死关，生来也罢，死来也罢，参破名利场，得了也好，失了也好。"名利，说白了，不过是身外之物。一个人从呱呱坠地到长大成人，在其成长过程中，他追逐名利的思想会越来越重。从古至今，人们无时无刻不在为名利而追逐，尔虞我诈，不惜血本，有的甚至以牺牲生命为代价，有的人为了一时的既得利益，竟然违背自己的良心，这种对名利的追逐其实是一种人生的痛苦与悲哀。佛家说："假如真的能看透生与死，那也就看透了人们的生死虚妄。一个人，得名利时，如果十分欣喜，那就是一种生，也是一种死；一个人，失去名利时，如果痛苦万分，同样也是一种生，也是一种死。"追逐和争夺名利的人，永远会在名利的漩涡中挣扎着、痛苦着、流转着。

小说《红与黑》的男主角于连出生在小城维立叶尔郊区的一个锯木工人家庭，从小身体瘦弱，在家中被看成是"不会挣钱"的不中用的人，经常遭到父兄的打骂和奚落，卑贱的出身也使他常常受到社会的歧视。但是，他从小就聪明好学。在一位拿破仑时代老军医的影响下，他崇拜拿破仑，幻想着通过"入军界、穿军装、走一条红"的道路来建功立业、飞黄腾达。

在14岁时，于连想借助革命建功立业的幻想破灭了。这时他不得不选择"黑"的道路，幻想进入修道院，穿起教士黑袍，希望自己成为一名"年俸十万法郎的大主教"。18岁，于连来到市长家中担任家庭教师，而市长只将他看成是拿工钱的奴仆。在名利的诱惑下，他开始接触市长夫人，并成为市长夫人的情人。

后来，与市长夫人的关系暴露了，他进入了贝尚松神学院，投奔了院长，当上了神学院的讲师。后因教会内部的派系斗争，彼拉院长被排挤出神学院，于连只得随彼拉来到巴黎，当上了极端保皇党领袖木尔侯爵的私人秘书。他因沉静、聪明和善于谄媚，得到了木尔侯爵的器重，以渊博的学识与优雅的气质，又赢得了侯爵女儿玛特尔小姐的爱慕。尽管不爱玛特尔，但他为了抓住这块实现野心的跳板，竟使用诡计占有了她。得知女儿怀孕后，侯爵不得不同意这门婚事。于连为此获得一个骑士称号、一份田产和一个骠骑兵中尉的军衔。于连通过虚伪的手段获得了暂时的成功。但是，他为了跻身上层社会用尽心机，不择手段，最终功亏一篑，付出了生命的代价。

有人说，于连身上有着两面性的性格特征。于连最后在狱中也承认自己身上实际有两个我：一个我是"追逐耀眼的东西"，另一个我则表现出"质朴的品质"。在追逐名利的过程中，真实的于连与虚伪的于连互相争斗，当然，他本人的内心也是非常痛苦的。最终，因不断地追求名利，让自己心力交瘁。

陶渊明是东晋后期的大诗人、文学家，他的曾祖父陶侃是赫赫有名的东晋大司马、开国功臣；祖父陶茂、父亲陶逸都做过太守。但到了东晋末期，朝政日益腐败，官场黑暗。

陶渊明生性淡泊，在家境贫困、入不敷出的情况下仍然坚持读书作诗。他关心百姓疾苦，怀着"大济苍生"的愿望，出任江州祭酒。由于看不惯官场上那一套恶劣作风，不久他就辞职回家了。随后州里又来召他做主簿，他也辞谢了。后来，他陆续做过一些官职，但由于淡泊功名，为官清正，不愿与腐败官场同流合污而过着时隐时仕的生活。

陶渊明最后一次做官已过"不惑之年"，当时，他在朋友的劝说下，再次出任彭泽县令。到任第81天，碰到浔阳郡派遣督邮来检查公务。浔阳郡的督邮刘云，以凶狠贪婪远近闻名，每年两次以巡视为名向辖县索要贿赂，每次都是满载而归，否则便栽赃陷害。县吏说："当束带迎之。"就是应当穿戴整齐、备好礼品、恭恭敬敬地去迎接督邮。陶渊明叹道："我岂能为五斗米向乡里小儿折腰。"意思是我怎能为了县令的五斗薪俸，就低声下气去向这些小人贿赂献殷勤。说完，挂冠而去，辞职归乡。此后，他一面读书为文，一面躬耕陇亩。

正所谓"一语天然万古新，豪华落尽见真淳"。陶渊明不为"五斗米折腰"的气节，更是不断鼓励着后代人要以天下苍生为重，以节义贞操为重，不趋炎附势，保持善良纯真的本性，不为世上任何名利浮华所改变。

● 心灵启示 ●

1. 克制自己对名利的欲望

人们常常很难抑制自己对名利的欲望，因为对名利的追逐，使得我们的人生好像一场战争，结果自己一辈子深陷名利的漩涡中痛苦不堪。

2. 认清名利带来的优越感

在每个人的内心深处，对名利都有着一定的渴求。很多时候，一旦自己对名利的渴求得不到回应，人们便会灰心丧气，觉得人生无望了。其实他只是在计较自己不能获得名利带来的虚荣感而已。

淡泊名利，心灵终归宁静

名利，多么具有诱惑力的字眼，同时，它也是很多人立足社会、搏击人生的主动力。自古以来，名利就是许多人一生的奋斗目标，多少人为了光宗耀祖而削尖了脑袋挤进官宦之途，多少人因为人生的不得意而郁郁寡欢。但是，在名利场上，春风得意、踌躇满志的人毕竟是少数，大多数人即使使出浑身解数也收获寥寥。其实，人生的道路本来很宽阔，如果我们把眼光尽放在名利上面，那只会让道路越走越狭窄。只有我们敢于抛下名利，才能真正活得轻松自在。

从古至今，人们对功名利禄的向往都很强烈，特别是居高位者，总容易在权力欲望中迷失自我，最终变得疯癫。不过，曾国藩却说："为官应当只问耕耘，不问收获。"这其中的淡然之心，可以说是令人敬佩。而正是这样将名利抛下的心理，让他最终得以保身。

淡泊者不求名利，曾国藩就此做出解释："淡泊二字最好：淡，恬淡也；泊，安泊也。恬淡安泊，无他妄念也。此心多么快乐啊！而趋炎附势，蝇头微利，则心智日益蹉跎也。"曾国藩是一个清醒的人，他认为："乱世之名，以少取为贵。"人生在乱世，世态发展皆在混乱之中，何谓富，何谓福，这都是难以说清楚的，所以人生还是少取为妙。他不仅懂得自己摆正心态，还严格约束家人。

在功成名就之后，同治六年5月，曾国藩在家书中劝告欧阳夫人说："居官不过是偶然之事，居家乃是长久之计，能从勤俭耕读上做好规模，虽一旦罢官，尚不失为兴旺气象。若贪图衙门之热闹，不立家乡之基业，则罢官之后，便觉气象萧索。凡有盛必有衰，不可不预为之计。望夫人教训儿孙妇女，常常作家中无官之想，时时有谦恭省俭之意，则福泽悠久。"

冰心老人曾告诉我们："人到无求，心自安宁。"从冰心老人一辈子的经历中，我们不难看出，清心寡欲，淡泊宁静，看淡功名利禄，正是她精神健康的奥秘。半个多世纪以来，冰心将杂念全部抛到脑后，一心扑在为孩子们的写作、交流上，而孩子们也带给她无限的安慰和喜悦。或许，正因为她心静如水，永远保持着童心，才使得自己在古稀之年也耳聪目明，思维敏捷。可见，只有做到淡泊以明志，宁静以致远，我们才会活得洒脱自在。

庄子钓于濮水，楚王使大夫二人往先焉，曰："愿以境内累矣！"庄子持竿不顾，曰："吾闻楚有神龟，死已三千岁矣，王巾笥而藏之庙堂之上。此龟者，宁其死为留骨而贵乎？宁其生而曳尾于涂中乎？"二大夫曰："宁生而曳尾涂中。"庄子曰："往矣！吾将曳尾于涂中。"

庄子在濮水垂钓，楚王派两位大夫前往致意，说："楚王希望能劳烦您管理国内政事！"庄子此时面临着这样的选择：前面是清波粼粼的濮水以及水中从容不迫的游鱼，背后则是楚国的官位——两者巨大的差距使这道选择题看起来十分容易。

但是大概楚威王也知道庄子的脾气，所以用了一个"累"字，只是庄子要不要这种"累"？多少人在这种"累"中体味到权力给人的充实感和成就感？这是生命中不能承受之"重"。

濮水的清波吸引了他，他无暇回头看身后的权势。他那么不经意地推掉了在俗人看来千载难逢的发达机遇。他把这看成了无聊的打扰。他只问了两位衣着锦绣的大夫一个似乎毫不相关的问题："楚国水田里的乌龟，它是愿意到楚王那里，让楚王用精致的竹箱装着它，用丝绸的巾饰覆盖它，珍藏在宗庙里，用死来换取'留骨而贵'呢？还是愿意拖着尾巴在泥水里自由自在地活着呢？"两位大夫回答说："宁愿拖着尾巴在泥水中活着。"庄子曰："往矣！吾将曳尾于涂中。"

这个故事反映了庄子真实的心境。庄子对于抛弃名利的坚持，让我们知道精神可以达到这样的境界。实际上，庄子的行为，确实让一代代"学而优则仕"的读书人，在赢得仕途成功的同时，内心总会有一种秘而不宣的羞耻感和一种受名利驱使的无奈感。

• 心灵启示 •

1. 抛下名利，会体验到简单的快乐

一个人假如具备抛弃名利的人生态度，那面对生活，他就会比常人更容易找到乐观的一面。他所看到的就是生活的美好，他不再对那些可望不可及的空中楼阁感兴趣。在纷繁的世界中，不争名夺利，在自己的心中构筑一片宁静的田园，自然会体验到简单的快乐。

2. 名利之外，活得一身轻松

陶渊明伴着"庄生晓梦迷蝴蝶"中翩翩起舞的蝴蝶，在东篱之下悠然采菊，面对南山，陶渊明选择忘记，遗忘那些官场中的丑恶与仕途的不达，清新淡雅，与世无争，为自己寻回了一方心灵的净土。

第 5 章

宽厚待人，
接受自己也容纳他人

较真，从心理角度说，是对自己的一种苛责。在生活中，当别人犯了一点儿错误，我们会以包容之心待之；但是对自己，人们就会处处较真，容不得自己有半点儿瑕疵。所谓"容人也要容己"，千万不要让较真拖累了自己。

最好的选择是活在当下

许多人总是没完没了地考虑明天，预支那些属于未来的烦恼，结果给自己找来了许多烦恼，这就是所谓的"烦恼不寻人，人自寻烦恼"。明天到底会怎么样呢？我们无从得知，因为明天是未知的，即便我们对明天有许多的不安和猜疑，也应该对明天怀着美好的愿望，而不是为明天而沉重，不然既浪费了今天，又给未知的明天蒙上了阴影。尽管我们常说"防患于未然"，但我们若是对未来过度地焦虑和担忧，时间长了，反而会成为一种心理负担，整个人都会陷入焦虑的泥潭，最终无法自拔。因此，我们要活在当下，不为未知的明天而较真，珍惜今天，做好今天的自己，那明天必然是美好的。

威廉·奥斯勒年轻的时候，曾经是蒙特瑞综合医院的一名医科学生。他在那里学医的一段时间里，对自己的生活充满了忧虑，不知道怎样才能通过眼下的期末考试，也不知道将来要创立什么样的事业，更不知道明天该怎么去生活。他整天为这些事情担忧着，无心自己的学业。偶然一次，他无意间在一本书上看见了这样一句话："对我们大家来说,生活中最重要的事情不是遥望将来,而是动手处理自己手边实实在在的事情。"正是从书上看到的这句话,改变了这位年轻的医科学生,使他后来成为有名的医学家,创建了举世闻名的约翰·霍普金斯医学院,并成为牛津大学医学院的钦定讲座教授,那可是学医的英国人所能获得的最高荣誉。

后来,威廉·奥斯勒爵士给耶鲁大学的学生作了一次演讲,他说:"像我这样一个曾在四所大学当过教授,撰写过畅销书的人,大家以为我会有'特殊的头脑'。但是事实并非如此,我的朋友都知道,我的脑袋实在是再普通不过的。"

有人问他:"那你的成功秘诀是什么呢?"威廉·奥斯勒爵士认为:"我之所以能够成功,是因为我活在完全独立的今天。"

奥斯勒爵士的话并不是让我们不为明天下功夫做准备,而是要尽自己最大的努力,把今天的工作做到完美无缺,不去预支烦恼,这才是应对未来唯一可靠的方法。奥斯勒把每一天都当作是完全独立的,他不会沉溺在过去,也不会为未来忧虑,所以他能够信心满满地应对今天的事情。生活于他而言,每一天都是快乐的,每一天都是自由自在的,所以他最后能够在医学上取得瞩目的成就。

一位著名的心理学家为研究"忧虑"问题,做了一个很有趣的实验。

心理学家要求实验者在一个周日的晚上,把自己未来七天内所有忧虑的"事情"都写下来,然后投入一个"烦恼箱"里。三周过去了,心理学家打开了"烦恼箱",让所有实验者一一核对自己写下来的每个"烦恼"。结果发现,其中90%的"烦恼"并没有真正发生。

这时,心理学家要求实验者将真正的"烦恼"记录下来,并重新投入"烦恼箱"。三周很快过去了,心理学家又打开了"烦恼箱",让所有实验者再一次核对自己写下的每个"烦恼",结果发现,那些曾经的"烦恼"已经不再是"烦恼"了。所有的实验者感觉到,对于烦恼,总是预想的比较多,而往往出现的很少。

对此,心理学家得出了这样的结论:一般人所忧虑的"烦恼",有50%是明天的,只有10%是今天的,而最终的结果是,至少有90%的烦恼是自己想出来的烦恼,至于今天的烦恼是完全可以轻松应对的。

对未来生活的焦虑和恐惧,成了现代人的一种普遍心理。即使人们当下的生活过得很不错,却仍会不由自主地担心未来,总是没完没了地思考明天如何,这样只会让我们的心变得更加沉重。如果总是将多余的心思花在思考明天的事情上,那生活永远无法归于平静,烦恼只会接踵而至。有位智者说:

"幸福就是活在当下，享受当下。"因此，我们要活在当下，做好当下的事，珍惜当下的时光，过好当下的生活，不为明天而烦忧。

心灵启示

1. 不要为明天的烦恼而焦虑

明天是未知的，既然它是未知的，那就表示它有诸多可能，我们所担忧的不过是众多可能中最坏的那一种，但我们的运气真的那样差吗？想来肯定不是。因此，我们应该活在当下，珍惜今天，不要为未知的明天而苦恼，也不要为明天的烦恼而焦虑。

2. 乐在当下

古人云："生于忧患，死于安乐。"意思是，只有忧愁患难才能使人发展，安逸享乐只会令人萎靡死亡。虽然我们不否认"忧患意识"所带给我们的"未雨绸缪"的益处，但如果我们总是担心明天的生活，内心总是存在一种忧患意识，那我们如何能安心地活在当下呢？我们如何能过好今天呢？

一个人的烦恼，大多是预支来的，或者更确切地说，是来自内心的瞎想，因为对未知的明天充满恐惧，才会生出那么多烦恼。越是忧虑，心就越累，在这样的情况下，还不如轻松地活在当下，让未知的明天继续未知。

当你
放过自己

留有心胸，容纳别人的不足和缺陷

卡莱尔说："一个伟大的人，以他对待小人物的方式，来表达他的伟大。"在一些人看来，在小人物身上都是有瑕疵的，他们都不够完美，因为存在着这样或那样的缺点，所以他们注定是小人物。但是，作为一个心态豁达的人，即便他所面对的是一个满身缺点的人，他也包容得下，也会坦然相对。在生活中，那些有着完美追求、容不下他人缺点的人才最容易钻牛角尖儿。他们中的大多数都是完美主义者。刚开始，他们只会苛责自己，希望自己能变得完美。但渐渐地，他们会把对自己的严格要求作为标准来要求身边的那些人，在他们看来，哪怕是一点点缺点，也是自己不能容忍的。于是，他们就在苛责自己与别人的过程中痛苦着，因为在这个世界上，并不存在绝对完美的人和事。维纳斯因为有了瑕疵，才变得如此美丽，人也是一样的。

包布·胡佛是一位著名的试飞员，经常在航空展中表演飞行。有一天，他在圣地亚哥航空展中表演完毕后飞回洛杉矶。就好像《飞行》杂志中所描述的那样，在距离地面三百尺的高度，飞机的两个引擎突然熄火。不过，胡佛依靠熟练的技术，操纵着飞机着了陆，但飞机损坏严重，所幸没有人受伤。

在迫降之后，胡佛的第一个行动就是检查飞机的燃料。如他所料，他所驾驶的第二次世界大战时的螺旋桨飞机，竟然装的是喷气机燃料而不是汽油。回到机场以后，他要求见见为他保养飞机的机械师，那位年轻的机械师正在为自己所犯的错误难过自责。当胡佛走向他的时候，他正泪流满面。因为他的失误，损坏了一架非常昂贵的飞机，还差一点让三个人失去了生命。

我们可以想象胡佛肯定会大为震怒，并且可以预料到这位极有荣誉心、事事要求精确的飞行员必然会痛责机械师的疏忽。然而，胡佛并没有责骂那位机械师，甚至没有批评他。相反地，他用手臂抱住那个机械师的肩膀，对他说："为了表明我相信你不会再犯错误，我要你明天再为我保养飞机。"

虽然，我们不能确定那位年轻的机械师是否有粗心大意的缺点，但在这次飞行中，他确实做错了。试想，如果胡佛是一个事事较真的人，估计那位年轻的机械师早就被骂得狗血淋头了，甚至会被辞退，从而断送了自己的机械师生涯。幸运的是，胡佛虽然对事情要求很严格，但他并不是一个计较的人，他更懂得包容一个人的缺点。

杰弗逊在就任前夕，想到白宫去告诉亚当斯，说自己希望针锋相对的竞选活动并没有破坏他们之间的友情。然而，杰弗逊还没来得及开口，愤怒的亚当斯就咆哮了起来："是你把我赶走的！"之后，这两个人中止交往达11年之久，直到后来杰弗逊的几个邻居去探访亚当斯，这个坚强的老人仍在诉说那件

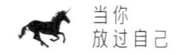

难堪的往事，但接着便脱口而出："我一向都喜欢杰弗逊，现在仍然喜欢他。"邻居把这句话传给了杰弗逊，杰弗逊听后大受感动，便请了一位彼此都很熟悉的老朋友传话，也让亚当斯知道他的深情厚谊。

后来，亚当斯回了一封信给他，两人从此便开始了这段或许是美国历史上最伟大的书信往来。

在杰弗逊与亚当斯的这段友谊中，可以看出双方都不是较真的人。虽然亚当斯对于自己竞选总统失败耿耿于怀，但他从内心来说是欣赏杰弗逊的。而杰弗逊，这位伟大的美国总统，他能够容忍亚当斯在落选之后的牢骚，也能容下他身上这些可爱的小缺点。直至多年以后，他们才发现自己已经错过这段友谊太久了。于是，他们重拾当年的情谊，铸就了美国历史上最伟大的友谊。

• 心灵启示 •

1. 不要计较他人的缺点

俗话说："金无足赤，人无完人。"对于生活中的我们而言，既有优点，也有缺点，这是客观存在的。如果说需要变得完美，那也是尽善尽美，而不能绝对地完美。因此，对于他人的缺点，我们不能斤斤计较，而是要抱着宽容的心态待之，这样既放过了自己，又宽待了他人。

2. 容得下他人的"坏"

当我们觉得自己不能容忍别人身上的缺点时,我们应该反省自己:自己身上是否也有同样的缺点呢?既然自己身上也存在同样的缺点,又何必苛求别人呢?所以,对于他人身上的"坏毛病",我们要学会容忍,对人多鼓励,多赞赏。说不定在我们的赞美之下,他的缺点就会渐渐地变成优点。

生活中的压力,自己要学会释放

每天,我们都面临着诸多压力,有可能是事业不顺造成的工作压力,有可能是感情不顺造成的感情压力,还有可能是家庭不和谐造成的家庭压力,心理学家把这些压力统称为"社会压力"。社会压力对于一个人来说,将直接转换成心理压力、思想负担,久而久之,就会成为心结。如果这种压力长期得不到有效释放,就会越积越多,并产生出巨大的能量,最终,它会像火山一样爆发出来,导致人们的情绪大变,总感觉自己活得太累,每天都不开心,脾气越来越坏,甚至,严重者会精神崩溃,做出无可挽回的傻事。对于外界的压力,我们要学会调节,而且千万不要再给自己施加压力,这样只会雪上加霜。所以,学会释怀,十分重要。

当你放过自己

吉姆是一位年轻的汽车销售经理，他的前途充满了无限希望。但是，由于吉姆本身是对自己要求很高的人，无形且巨大的压力使他感到异常绝望，他觉得自己就快要死了。甚至，他开始为自己挑选墓地，为自己的葬礼做好一切准备工作。其实，吉姆的身体只是出了一点小问题，有时候会呼吸急促，心跳加快，喉咙梗塞，医生规劝说："你只需要坦然面对生活，退出汽车销售行业就行了。"

在医院，医生给吉姆做了全面检查，医生告诉吉姆："你的症结是吸进了过多的氧气。"吉姆先是一愣，然后大笑了起来："那真是太愚蠢了，我该怎样应对这种情况呢？"医生说："当你感觉呼吸困难、心跳加速的时候，你可以向一个袋子呼气，或者暂时屏住气息。"说罢，医生递给吉姆一个纸袋，吉姆照办了，结果，他发现自己的心跳和呼吸都变得很正常，喉咙也不再梗塞了。当他离开医院的时候，他已经变得容光焕发，原来这一切的症结都是因为内心的焦虑和恐惧，而这些情绪反应完全是因为给自己的压力太大。

太大的压力常常会令人陷入长期的焦虑和恐惧中，严重者，还会导致身体出现疾病。心理学家认为：适当的压力有助于我们激发更强的斗志，但是压力过大就会影响到正常的情绪。正如任何事情都有一定的度，所以，在生活中，我们要给自己适当的压力，但只要不是太糟糕的事情，我们就应该学会忘记，学会放下，这样一来，那些琐碎的小事就影响不到我们了。

一位朋友这些天正在学习弹琴，由于基本功不太扎实，他练起琴来很费力，尽管自己付出了许多辛勤的汗水，可就是不见效果。

但是，他心里又极度渴望自己在琴技方面能够有所突破，于是，他每天强迫自己练琴4个小时。这样，时间长了，他变得非常焦虑，心理上把练琴当成了一种压力，他常常烦躁地问老师："我是不是练不好了""我还能行吗""怎么这么练都不见效果，我干脆还是不练习了吧""难道我就这么放弃了吗"等。

老师听了，只是微微一笑："你不要与自己较劲，放松自己，释放心中的压力，卸下负担，心情好了，琴艺自然会有所进步。"没过多久，这位朋友的琴艺真的进步了，而之前弥漫在脸上的阴霾也消失得无影无踪。

其实，对于这位朋友来说，外界并不存在太大的压力，反而是他自己给自己的压力太大。自然而然的，他将练琴当成了一种负担，因为负担，他就可能生活在压力、痛苦、烦躁和苦闷中，无法真正体会到练琴的快乐。一个人若是背着负担走路，那么，再平坦的路也会让他感到身心疲惫，最终，他会因为不堪生活的压力而走向不归路。对于生活中的某些事情，不要给自己太大的压力，如果内心积压了很多的压力，那就需要学会释放出来，因为很多时候，压力是自己给自己的。

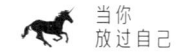

• 心灵启示 •

1. 学会释放压力

有的人总是喜欢把别人的压力放在自己身上，事事较真。比如，看到同事晋升了，朋友发财了，自己总会愤愤不平：为什么会这样呢？为什么就不是自己呢？其实，任何事情只要自己尽了力就行了，任何东西都是急不来的，与其让自己无谓地烦恼，不如以积极的心态来面对，努力调整情绪，释放内心的压力，这样才能让自己活得轻松自在，让生活变得丰富多彩。

2. 不要给自己太大的压力

一位公司白领这样说："最近工作压力大，感觉自己越来越不快乐，脾气越来越大，老想发火，尤其是每天回家坐地铁时，由于十分拥挤，每次都会与站在身边的人发生冲突，我也不想这样，但是，我就是快乐不起来。"虽然工作压力很大，但我们还是有选择的，因为在更多的时候，真正的压力是我们自己给的。而压力就像是一个刽子手，它扼杀了一切快乐的因子。

善于接受比自己优秀的人

古人曰："人有才能，未必损我之才能；人有声名，未必压我之声名；人有富贵，未必防我之富贵；人不胜我，固可以相安；人或胜我，并非夺我所有，操心毁誉，必得所欲而后已，于汝安乎？"所谓的嫉妒，就是容不得他人强过自己，见不得别人比自己过得幸福。所谓"一山还有一山高"，在生活中，比我们优秀的人比比皆是，对于那些才能、资质都在我们之上的人，我们需要有一个宽阔的心胸来容纳他们，我们可以羡慕，但绝不能嫉妒。在这个社会，我们需要承认这样一个事实：自己虽然是独特的，但绝不是最优秀的那一个。我们只愿自己尽善尽美，而不是挖空心思去打击报复那些强过我们的人。

在管仲落魄的时候，鲍叔牙对他说："如果你愿意，咱们俩合伙做生意吧。"管仲答应了，两人结拜为兄弟。由于管仲家里比较贫穷，做生意的本钱都是由鲍叔牙出的，但是赚来的钱，鲍叔牙总是把多的一半分给管仲。这令管仲很过意不去，鲍叔牙却说："朋友之间应该互相帮助，你家里不富裕，就别客气了。"过了一阵子，两人一起去当兵，在向敌方进攻时管仲总是躲在后面，而大家撤退时他又跑在了最前面，士兵们纷纷议论管仲贪生怕死，鲍叔牙却替管仲解释说："管仲家里有老母亲，他保护自己是为了侍奉母亲，并不是真的怕死。"管仲听到了这些话非常感动，感叹道："生我的是父母，知我的是叔牙啊！"

后来，齐桓公在鲍叔牙的帮助下取得了王位，于是，在他继位之后，立即封鲍叔牙为宰相。而管仲当时帮助的则是公子纠，齐桓公继位之后，管仲被囚，鲍叔牙知道自己的才能不如管仲，于是向齐桓公进言："管仲是天下奇才，大王若是能得到他的辅佐，称霸于诸侯将易如反掌。管仲并不是与您有仇，只是当时效忠公子纠而已，大王若不计前嫌重用他，他也一定会忠于您。"不久之后，齐桓公任用了管仲，在管仲与鲍叔牙的辅佐下，齐国渐渐强盛了起来。

鲍叔牙因为容得下比自己有才能的管仲，才会向齐桓公举荐自己的这位朋友。虽然管仲的才能远在于鲍叔牙之上，但鲍叔牙并没有生出嫉妒之心，反而处处为管仲着想，凡事都帮着他。正是由于鲍叔牙的宽容大度，才让他们在历史上成就了一段感人肺腑的友谊佳话。正所谓"举廉不避亲，举贤不避仇"，当我们遇到了比自己更优秀的人时应该予以敬佩，而不应该心生嫉妒。

在战国时期，秦国常常欺侮赵国。有一次，赵王派大臣蔺相如到秦国去交涉，蔺相如见了秦王，凭着自己的机智和勇敢，给赵国争得了不少面子，秦王见赵国有这样的人才，就不敢再小看赵国了。而回到赵国的蔺相如，当即被封为上卿。赵王如此看重蔺相如，这可气坏了赵国的大将军廉颇，心想：我为赵国拼命打仗，功劳难道不如蔺相如吗？他不过凭了一张嘴，有什么了不起的本领，地位倒比我还高！廉颇越想越不服气，嫉妒心开始滋生，他怒气冲冲地说："要是碰着蔺相如，我要当面给他点儿难堪，看他能把我怎么样！"

廉颇的这些话传到了蔺相如耳朵里，蔺相如立即吩咐手下的人，让他们以后碰到廉颇手下的人，千万要让着点儿，不要和他们争吵。廉颇手下的人，看见上卿这样让着自己的主人，更加得意忘形，见到蔺相如手下的人，就嘲笑他们。蔺相如手下的人受不了这个气，对蔺相如说："您的地位比廉将军高，他骂您，您反而躲着他，让着他，他越发不把您放在眼里啦！这么下去，我们可受不了。"蔺相如却心平气和地说："我见了秦王都不怕，难道还怕廉将军吗？要知道，秦国现在不敢来打赵国，就是因为国内文官武官一条心，我们两人好比是两只老虎，两只老虎要是打起架来，不免有一只要受伤，甚至死掉，这样就给秦国制造了进攻赵国的好机会。你们想想，国家的事儿要紧，还是私人的面子要紧？"

蔺相如的这番话传到了廉颇的耳朵里，廉颇惭愧极了，想到自己这般嫉妒真的是不应该。在正视了自己的嫉妒心理后，廉颇毅然脱掉一只袖子，露着肩膀，背了一根荆条，直奔蔺相如家。廉颇对着蔺相如跪了下来，双手捧着荆条，请蔺相如鞭打自己，蔺相如却将廉颇扶了起来。从此，两人成为了很好的朋友。

蔺相如能够容得下廉颇的强,因此愿意放低姿态;廉颇对蔺相如受到赵王的器重而心生嫉妒,这就是心胸不够宽广。当然,在蔺相如宽广的胸怀下,廉颇意识到了自己的嫉妒心,他正视了自己的内心,醒悟之后,做出了"负荆请罪"的举动,最终将那邪恶的嫉妒之心扼杀在摇篮之中。有了蔺相如和廉颇并肩作战,赵国也日益发展壮大起来。

• 心灵启示 •

1. 拥有宽阔的胸襟

当然,容得下别人比自己强,说起来容易,真正做起来却很难。要想做到这一点,我们必须要拥有足够宽阔的心胸,即便对方的势头强过了自己,盖过了自己,我们也要以宽阔的胸怀去容纳。

2. 与其嫉妒,不如学习他人的优秀之处

当看到别人比自己强、比自己优秀时,我们就会生出嫉妒之心。如果我们也想变成别人嫉妒的对象,那应该做的就是尽量从那些比我们强、比我们优秀的人身上学习可贵的品质,努力让自己尽善尽美。

第5章
宽厚待人，接受自己也容纳他人

邂逅美好，用包容的心看世界

很早以前，我们就听过这样一句话："这个世界并不缺少美，而是缺少发现美的眼睛。"当我们总是在抱怨这个世界的时候，你可曾想过，它的美丽你从来没发现过。因为总是带着挑剔的眼光，所以我们在看待这个世界时多了几分苛责，于是我们就会有许多烦恼，甚至会生气、愤怒。包容自己，还有一种最恰当的方式就是用一种美的眼光看待这个世界，用心去欣赏这个世界的美丽。眼睛是最美丽的窗户，它从来不会撒谎。当我们无法包容自己，内心充满抱怨的时候，我们会用一种挑剔，甚至憎恶的眼光看待这个世界，与此同时我们也错过了美丽的风景。

乔丽是报社的一名记者，最近她接到了一份特殊的采访任务。当她拿到被采访者的资料时，不禁有些难过，这是一个怎样的女人：丈夫早些年得了重病去世了，欠下了大笔的债务，家里有两个孩子，其中一个还身患残疾。女人只在一家小型工厂里当女工，依靠微薄的薪水养着整个家，还需要还债。乔丽一下午都坐在家里，想着：她家里不知道是什么样子？女人和孩子都蓬头垢面，满脸悲苦，又黑又潮的小屋里没有一点儿鲜活的色彩，自己去了，也许只会听到不断的哭诉。

那个周末，乔丽满怀深情，按着地址找到那个女人居住的地方。当她站在门口时,有些不敢相信自己的眼睛,她甚至怀疑自己找错了地方,于是又向女主人核实了一遍。确认无误之后,她才重新开始打量这个家:整个屋子干干净净,有用纸做的漂亮门帘,墙上还贴着孩子上学获得的奖状,灶台上只放着油、盐两种调味品,但罐子擦得干干净净,女人脸上的笑容就像她的房间一样明朗。乔丽坐在用报纸垫着的凳子上,热情的女人为她拿来了拖鞋,乔丽看见那双鞋居然是用旧的解放鞋的鞋底,再用旧毛线织出带有美丽图案的鞋帮做的。

当女人也一起坐下来时,乔丽不禁有些好奇她是怎么把这个家打理得这样舒适的。女人一边干着活,一边微笑着说:"家里的冰箱洗衣机都是隔壁邻居淘汰下来送给我的,其实用起来也蛮好的;工厂里的老板同事也都很照顾我,还会让我把饭菜带回来给孩子吃;孩子们也很懂事,做完了一天的功课还会帮忙干家务活……"

乔丽听着听着,眼睛有些湿润了,感叹道:"虽然你所面临的环境是糟糕的,但是,你却能用美的眼光看待这个世界。"这并不是同情,而是一种赞叹,赞叹女人的坚强,更赞叹女人的乐观。

我们再回忆那个女人漫不经心的话,如果换作是其他人:邻居淘汰下来的洗衣机还能用吗?厂里吃剩下的饭菜,孩子吃了有营养吗?家里连一张桌子都挪不开,怎么让孩子们做作业？同样的环境下，前者所看到的都是美好的，而后者所看到的则是糟糕的，那是因为前者懂得用美的眼光看世界。

● 心灵启示 ●

1. 摆正好心态

黑格尔说："世界精神太忙碌于现实，太驰骛于外界，而不遑回到内心，转回自身，以徜徉自怡于自己原有的家园中。"用美的眼光欣赏这个世界，关键在于自己的心态。

2. 积极乐观看待世界

什么是美的眼光？当然是积极乐观的眼光。当拥有阳光般的心态，我们的眼光自然会充满美丽。因为心中怀着爱，怀着对未来无限美好的憧憬，所以凡是我们目光着眼之处，必然是美丽的。

长得漂亮，不如活得漂亮

"希望自己变得漂亮"这几乎是所有女人的梦想。长相平平的女人希望自己能变得漂亮，而漂亮女人则希望自己变得再漂亮一点，到底漂亮到哪种程度，她们自己也不清楚。其实，何止是女人？那些长相平平的男人们也会自卑地想：如果自己能貌似潘安多好啊！人对于美貌的追求是无止境的，正因为这样，如今大街小巷才有了那么多的整形医院，这些场所的存在，都是人们为了追求美貌而设立的。为什么人们要苦苦地与自己的容貌较真呢？长相平平，甚至丑陋，这并不是自己的错误，只要健康，那还有什么不满足的呢？长得美就能幸福吗？长得英俊就能事业有成吗？与其羡慕美貌，还不如让自己活得更美好。

在2007年某个选秀节目评委席上，杨二车娜姆，这位头戴艳丽红花从"女儿国"走出来的女人，直率自信，语出惊人，一时间激起了无数的追捧和谩骂。有追随者称："杨二车娜姆特立独行，敢说真话，是当今娱乐圈少有的性情中人。对于喜欢的选手丝毫不掩饰自己的欣赏之情，而对于不喜欢的，言辞虽有些尖刻但不失为一种娱乐精神。"谩骂者却说："杨二车娜姆故意靠尖酸刻薄的惊人话语来赢得别人的关注，哗众取宠，言行举止有伤风化，甚至拿自己家乡的走婚习俗来炒作自己。"所谓婆说婆有理，公说公有理，一时之间，分不出真假。

杨二车娜姆，这个名字并不陌生。她从小生活在大山里，13岁之前不会说普通话，怀着对外面世界的憧憬，一个人来到了大城市。在一个偶然的机会，她考入了上海音乐学院，然后进入中央民族歌舞团，成为最年轻的独唱演员之一。1990年她离开中国去到美国，后在意大利当模特，游历欧洲。她与美国《国家地理杂志》著名摄影记者和挪威王国外交官石丹梧的两次婚姻颇具传奇。1997年，杨二车娜姆开始写作，著有《走出女儿国》《中国红遇见挪威蓝》等书，现在为《时尚——中国服装》的专栏作家。

2006年，杨二车娜姆出了一本书——《长得漂亮不如活得漂亮》，更是让许多人唏嘘不已。然而，从书名中可以看出她内在的乐观与自信，以及一种积极向上的人生态度。按照一般的审美标准来看，杨二车娜姆确实算不上漂亮，但她不仅比"女儿国"的父老乡亲活得漂亮，而且比我们大多数人活得漂亮。

羡慕美貌吗？杨二车娜姆并没有，她通过自身的不懈努力，走出了贫穷。然而，她并未陶醉和满足于自己富足而优越的生活，从她13岁离开家乡后就致力于对家乡和民族的宣传，希望通过自己的努力，引起社会以及世界对家乡和民族的关注。而且，在公众面前，她不愿意隐瞒自身对人、对事物的真实感受和看法。她热衷于社会慈善事业，经常参加一些社会义演和捐助活动。她用自己的亲身经历告诉我们：与其羡慕美貌，不如活得漂亮。

《疯狂的石头》上映之后，草根一族的黄渤一飞冲天，在短短两年时间里晋升为新生代"喜剧天王"。在2009年，他更是凭借《斗牛》拿下了第46届金马奖影帝。

这个长相很一般，说话也经常不靠谱的男人，就这样成为了黑马。十三年前，黄渤只是在夜场里唱歌，在大篷车里演出。有一次演出结束之后，浑身上下只剩下十元钱，只好买了一堆油饼，而黄渤还是硬撑着说自己不饿，让别人先吃。

之后，黄渤南下广州、北漂京城，为了赚钱，开过工厂，做过生意，当过老板。这些经历在亲戚朋友心中都是一些不靠谱的事情，但黄渤从来没放弃过，他总想着，自己虽然长得不怎么样，但一定会生活得很好。

后来，有人推荐黄渤去演一个农民，在朋友的鼓励下，他去了。一个偶然的机会，他考入了北影，开始接演电影，直到《疯狂的石头》的出现，他真的"疯"了，随着"疯"了的还有他的片酬。

在现实生活中，有的人总在抱怨自己没有一副姣好的容貌，把这些当成自己自暴自弃的堂而皇之的借口，然后心甘情愿地将自己囚禁在自艾自怜的牢狱中。如果你还在为自己的容貌担忧，那么看看黄渤，你觉得他貌似潘安吗？但他依然可以生活得那么好，活跃于大屏幕，给观众们带来源源不断的快乐与新奇。

• 心灵启示 •

1. 不要陷入容貌焦虑

容貌不是我们自己能决定的，那是父母给的，天生就是这样。如果你一味地较真自己的容貌，那就是折磨自己。与其花时间和精力抱怨自己为什么不长得漂亮一点，还不如把这些时间利用起来，让自己生活得更美好。

2. 长得漂亮不如活得漂亮

当我们觉得自己相貌平平时，为什么不能活得漂亮一些呢？当我们觉得眼下的生活并不令人满意时，为什么不尝试着努力改变呢？只要我们下定决心，调整好心态，即便相貌平平，也能活出美女一般的潇洒来。

第 6 章

及时止损，请你远离无谓的坚持

在生活中，我们常说：再坚持一下也许就会成功。通常我们会以这句话来勉励自己，但当我们知道前面已经无路可走的时候，这样的坚持是否有点太过于执着呢？钻牛角尖只会让自己的身心被束缚，最终陷入痛苦的泥沼中。

当你放过自己

明智的放弃，胜过无谓的执着

柏拉图曾说："有些人的遗憾莫过于坚持了不该坚持的，轻易放弃了自己不该放弃的。"坚持，是一个鼓动人心的词，每每在我们不能继续的时候，头脑中就会冒出"坚持"这个字眼。但是，我们可曾想过，所有的坚持都有用吗？实际上，我们并不明白，有些坚持是无谓的，甚至，理智的放弃比无谓的坚持更明智。在生活中，有的人在坚持着，一直在坚持着，但他能坚持到什么时候，坚持为了什么，却不得而知。当我们的坚持已经达到一定限度的时候，事情的结果却不遂人愿，这时候我们就应该反思了：这样的坚持有用吗？是否是无谓的？如果坚持下去没有结果，那不妨选择放弃，另辟蹊径，这样方能达到目的。凡事都坚持的人其实是钻牛角尖的人，他们对生活太过于较真、太固执，总是一条路走到黑，结果却是毫无所获。因此，在生活中我们要明白，有些坚持是无谓的，这样的坚持可以适可而止，不需要太过于执着。

马嘉鱼很漂亮，有银色的皮肤，燕子般的鱼尾，大大的眼睛，平时生活在深海中，春夏之交溯流产卵，随着海潮漂游到浅海。渔民捕捉马嘉鱼的方法很简单：用一个孔目粗疏的竹帘，下端系上铁坠，放入水中，由两只小艇拖着，拦截鱼群。

马嘉鱼的"个性"很强，不爱转弯，即使闯入罗网之中也不会停止，所以一条条"前赴后继"陷入竹帘孔中。竹帘收缩得越紧，马嘉鱼就挣扎得越激烈，它们瞪起眼睛，更加拼命往前冲，结果被牢牢卡死，为渔民所捕获。

在生活这张大网中，我们何尝不是那一条条马嘉鱼呢？我们一面抱怨人生之路越走越窄，看不到未来的希望，一面又总是坚持一些无谓的东西，执着于以前的老路，结果，我们有了跟马嘉鱼一样的命运。

2004年雅典奥运会，刘翔以12秒91的成绩夺冠，成为亚洲第一位田径直道项目奥运冠军；2006年国际田联大奖赛洛桑站，刘翔以12秒88的成绩打破世界纪录。大家都把目光聚焦在这个"飞人"身上，把所有的希冀都投向了2008年的北京奥运会。

然而，2008年8月18日，北京奥运会男子110米栏预赛，"飞人"刘翔在出场之后突然宣布退出比赛。作为卫冕冠军、中国田径最大夺金点，刘翔的退赛令人唏嘘，人们无奈地看着那个一瘸一拐走出田径场的背影。在很多人看来，这个"黑色8.18"突如其来，因为一直以来人们看好刘翔能卫冕成功。就在比赛前几天，还有关于他训练中跑出12秒80的传闻。

事实上,刘翔退赛并不突然,至少有一些先兆。从年初冬训,刘翔腿部肌肉就出现不适。经过一系列调整后,他参加了两站室外比赛,都拿到了冠军,但是成绩并不理想,最好的一次仅跑出13秒18。然而这两站比赛进一步加剧了刘翔腿部的不适,之后刘翔放弃了美国的两站比赛。对于跨栏运动员来说,臀大肌和起跨腿的脚踝是最容易受伤的地方,刘翔则因为踝伤上演了退赛一幕。应该说,这是刘翔近几年来成绩最糟糕的一年。不过,刘翔本人对于退赛看得很开,他说:"每个人都会碰到挫折,只是我之前的道路都一直比较顺利,所以大家觉得比较严重。我觉得我很快就走了出来,人生总有起伏,不可能永远一帆风顺。"

虽然在万众瞩目的情况下宣布退赛,难免会让人失望,甚至有的人还发出了唏嘘之声。但是,如果当时的刘翔选择了继续坚持,那只会给自己的身体造成更大的伤害,或许我们就再也见不到"飞人"的光彩了。可见,他及时地选择退赛是为了积蓄力量,休养身体,为下一次的比赛做好准备,这样一来,我们就可以理解他当时的举动了。

• 心灵启示 •

1. 理智的放弃比无谓的坚持更明智

为什么说有些坚持是无谓的,那是因为继续坚持下去也不会有任何希望，只能是浪费更多的时间和精力。对于这样的坚持，就可以说是无谓的，面对这样的情况，理智的放弃自然是最明智的选择。

2. 生活需要我们适时改变方向

不知道你有没有注意到我们脚下的马路，你是否观察到没有一条路的方向是既定不变的。在遇到高耸的山脉的时候，它也总是绕道而行，这样既节省了人力，也方便了人们；在不同的马路之间，总会有交叉的时候，那意味着你可以换一个方向。其实，这跟生活一样，也需要适时改变方向，这样我们才能找到生命最灿烂的美丽，才能展现出自我的价值。

别痴迷于所谓的理想生活

有人说："追求幸福的人分两种：一种是追求属于自己的幸福，一种是追求属于别人的幸福。"前者懂得定义属于自己的幸福，而后者只是追逐他人定义的幸福。在生活中，我们何尝不是这样呢？有时候，我们生活得并不如意，若是问为什么，我们的回答却是："我没有达到某种生活的标准。"我们总是听别人说，有了房子才有安全感，于是就为了别人所定义的"安全感"背上了数十年的债务，节衣缩食，心不甘、情不愿地当起了房奴；我们总是听别人说，在高级餐厅里约会才是最浪漫的，于是我们就将这当成是一种美好生活的向往，宁愿吃方便面也要勒紧裤带去潇洒一次；我们总是听别人说，没去过健身房就不够时尚前卫，于是我们就赶紧去健身房报名，学那些自己并不感兴趣的课程，只是为了达到别人所定义的"幸福生活"。但那些生活真的属于自己吗？为什么即便我们达到了那样的生活标准还是不快乐呢？究其原因，在于我们与自己较劲，总是一味地追求那些不属于自己的生活，就好像我们穿着不合尺寸的衣服，不是嫌太大，就是嫌太难看。

　　生活是自己过，而不是给人看，别人生活的标准并不一定就真的适合自己。因为生活的幸福和快乐是属于自己内心的一种感觉，如果只是迎合别人的取向，这样难免会苦了自己。那些苦苦追求不属于自己生活的人，他们与自己的心灵对峙着。换而言之，他们总是与自己较劲，越是不属于自己的，越是想要去尝试。在羡慕嫉妒的过程中，他们浑然忘记了自己原本美好的生活，而是将别人的生活当成自己生活的标准。卞之琳说："你在桥上看风景，看风景的人在楼上看你。"其深层含义在于，虽然我们每个人都把别人当作风景，其实在别人眼中，自己何尝不是一道美丽的风景呢？所以，不要跟自己较劲，而是要学会对自己的生活释怀，因为属于自己的生活才是幸福快乐的生活。

第6章
及时止损，请你远离无谓的坚持

在《伊索寓言》里记载了下面这样一个小故事：

一只来自城里的老鼠和一只来自乡下的老鼠是好朋友。有一天，乡下老鼠写信给城里的老鼠说："希望您能在丰收的季节到我的家里做客。"城里的老鼠看到信之后，高兴极了，便在约定的日子动身前往乡下。到了那里之后，乡下老鼠很热情，拿出了很多大麦和小麦，请城里的好朋友享用。看到这些平常的东西，城里的老鼠不以为然："你这样的生活太乏味了！还是到我家里去玩吧，我会拿很多美味佳肴好好招待你的。"听到这样的邀请，乡下老鼠动心了，就跟着城里老鼠进城去了。

到了城里，乡下老鼠大开了眼界，城里有好多豪华、干净、冬暖夏凉的房子。看到这样的生活，它非常羡慕，想到自己在乡下从早到晚都在农田上奔跑，看到的除了泥土还是泥土，冬天还要在那么寒冷的雪地上搜集粮食，夏天更是热得难受，这样的生活跟城里老鼠比起来，简直一个天上，一个地下，自己真是太不幸了。

到了家里，它们就爬到餐桌上享用各种美味可口的食物。突然，咣的一声，门开了。两只老鼠吓了一跳，飞似的躲进墙角的洞里，连大气也不敢出。乡下老鼠看到这样的情景，想了一会儿，对城里的老鼠说："老兄，你每天活得这样辛苦，简直太可怜了，我想还是乡下平静的生活比较好，也适合我。"

说罢，乡下老鼠就离开城市回乡下去了。

显而易见，这个故事的寓意在于：适合自己的生活方式并不一定适合别人，同样，适合别人的生活方式也不一定适合自己。因此，如果自己当下生活得还不错，那就过好属于自己的生活，而没必要去追求别人定义的生活。我们应该明白，别人的快乐和幸福并不一定适用于自己。

● 心灵启示 ●

1. 别人的生活不一定适合自己

我们总是向往着这样的生活：条件优秀的老公、可爱的孩子、宽大的房子、豪华的轿车、稳定的工作。在我们看来，似乎这样的生活才是最幸福快乐的。但这样的生活适合自己吗？较劲，有时候就是自己的外在与内心互相对峙，明明这是心里不喜欢的，但为了迎合别人的眼光，而刻意将自己的生活变得乱七八糟。所以，为了学会享受自己的生活所带来的快乐与宁静，我们应放下对别人的生活羡慕嫉妒的眼光，放下内心的固执与较劲。

2. 定义属于自己的生活

生活也是因人而异的，我的生活在你眼里并不一定是好的，你的生活我也不一定认同。很多时候我们并不快乐，那是因为我们总是与自己较劲，没有按照自己喜欢的方式去生活，而是在不经意间迎合别人的要求，刻意改变，违背内心真实的想法，所以我们才会变得不快乐、不幸福。我们应该记住，真正让自己快乐的是自己的内心而非别人的眼光。所以，请放下那些所谓的"标准意义的生活"，按照自己内心真实的想法去追求生活。

太执着，如同心灵上了枷锁

在很多时候，过分执着并不是一个好品质。它就像是一个魔咒，一点点地禁锢着我们的身心，似乎我们不朝着之前的方向继续下去就对不起良心。执着本身是一种可贵的品质，但凡事都会有一定的限度，"执着"也是一样。适当的执着会体现出我们个人的魅力，同时也可以让问题变得更简单一点，但若是不顾一切的执着则会不自觉地将自己的身心束缚。我们总是放不下，总是不愿意放弃，总是固执地朝着一个方向前进，不管前面是康庄大道，还是死胡同。甚至，这样的坚持是无谓的。如果我们最终闯入的不过是死胡同，这样执着的后果也是可悲的。虽然，对生活执着是一种坚定的信念；对工作执着，是一种精神寄托；对爱情执着，是一种人生的美丽。但若是该放手时不放手，就会使自己因不堪重负而活得很累，也让自己身心俱疲，甚至有可能走向另外一种悲惨的结局。

在生活中，有的人活得像小河里的河水，虽然平静无波，却有顽强的生命力和战斗力，它能够经受暴风骤雨的侵害，也可以坦然面对夏日骄阳的炙烤，它从来不在乎世界会有那么多的变化。一个人活着也是一样，人要有信念，但不能过分执着，不能与生命较劲，不妨学会顺其自然，接纳生命中的意外和阻挠。人的一生就好像花开花落，周而复始，没有什么花是永不凋谢的，对待上天的安排，应该顺其自然，千万不能太过于执着。太较劲是一种疼痛、一种心魔，它不断侵蚀着我们内心简单的快乐，最后，我们只能满身疲惫地倒下。

王大爷是村里的干部，后来因为某件事没处理好，被迫离职了。离职的时候，王大爷已经快50岁了，在那一瞬间，他觉得生活好像没有了希望。他一直不肯承认自己竟然变成了跟隔壁大婶一样的普通老百姓，总觉得自己还是支部书记。他经常会去政府与上级领导说话，说自己的苦闷，说自己的无所事事，说自己的孩子上学没学费，希望领导能解决这些问题。领导无奈地说："你现在已经离职了，不是干部了，这些事情你自己能解决的就自己解决，自己不能解决的，就找你们村里的干部。"王大爷固执地说："我不相信他们，我只相信我自己和你们。"王大爷总去政府闹，刚开始大家还看在他是老干部的分上跟他聊聊，但时间长了，大家都清楚了他的脾性，知道他很固执，便能躲就躲，能避开就避开。

在平时生活中，王大爷总是对自己被迫离职的事情耿耿于怀。他在家里动不动就说："如果我还是村里的干部，那村里肯定不是现在这样子。"家里人也都开始厌烦他的唠叨了，老伴没好气地说："你在执着什么？你现在已经是平民百姓了，就应该有百姓的样子，有什么放不下的，有什么解不开的心结？简直是自己折磨自己。"其实，王大爷确实陷入了一个怪圈，他越是执着自己被迫离职的事情，就越是痛苦，想想之前的辉煌日子，再想想现在平凡的自己，越想越不是滋味，整日无所事事，最后搞得自己身心疲惫。

其实，王大爷所放不下的是对权利的执着，因此他过得很痛苦。如果他真的放下了内心过分的执着，以正常的心态回归到一个平民老头的身份，他会觉得生活依然充满着阳光。有些事情既然已经发生了，毫无回旋的余地了，那我们就要学会接受，而不是太过于执着。过分执着只会让自己更加疲惫，不如放松身心，给自己的心灵一个轻松舒适的环境。

• 心灵启示 •

1. 适时修葺自己的信念

人生需要有信念，这样我们的生命才有前进的方向。但是，信念只有与自己合拍的时候，才能更好地发挥出引航员的作用。因此，在人生的路途中，我们要适时修葺自己的信念，让它与自己合拍，对于某些不切实际的想法，我们不应太较真、太执着，而是要学会放弃，适时找到合适自己的人生信念，这样我们的生命才会更加绚丽灿烂。

2. 与其走向死胡同，不如拐弯走向另外一条大道

如果我们希望与别人合作，并且已经向对方明确地表达了意图，但对方却毫无回应，在这样的情况下，与其继续留下来攻坚，把时间花在这难啃的硬骨头上，不如转身离去，把精力用来寻找新的目标。每个人做事都有自己的理由，放弃攻坚是对别人的尊重，也是一种明智的选择。大量事实表明，第一次不能成功的事情，以后成功的概率也是很小的，纠缠下去只会惹人厌烦，浪费彼此的时间和精力，这样并没有太大的意义，与其把80%的精力耗在20%的希望上，不如以20%的精力去寻找新的目标，说不定还有80%的希望。

心随路转，则柳暗花明

从小，我们就知道这样一个道理：只有不断地前进才能获得成功。其实，生活本来就是起伏不定的，如果你一直向前走，不愿意留给自己一个回旋的空间，那很有可能会钻进一条死胡同，前方已经没有路，这样的情况下自然是难以成功的。不过，大多数人并不懂得这个道理，他们只会一个劲儿地向前冲，有一股撞了南墙也不回头的势头。虽然我们欣赏这样的决心，但并不赞赏这样的行为。如果在前进的路途中，我们没能给自己留下一个回旋的空间，这就是犯了孤注一掷的错误，结局往往是悲惨的。人们总是觉得在前进时若是选择退却，那就意味着放弃，意味着软弱，意味着失败，实际上这样的理解是错误的。那些懂得适时回旋的人才能铸就人生的波澜起伏，绽放人生的绚丽多彩。坚持是我们所需要的力量，但适时退却，为自己寻找一个回旋的空间也是人生中不可或缺的大智慧。

克里斯多夫·李维以主演《超人》而蜚声国际影坛，但就在1995年5月，在一场激烈的马术比赛中，他意外坠马，成了一个高位截瘫者。当他从昏迷中苏醒过来时对大家说的第一句话就是：让我早日解脱吧。出院后，为了让他散散心，舒缓肉体和精神的伤痛，家人推着轮椅上的他外出旅行。

有一次，汽车正穿行在蜿蜒曲折的盘山公路上，克里斯多夫·李维静静地望着窗外。他发现，每当车子即将行驶到无路的关头时，路边都会出现一块交通指示牌："前方转弯！"而转弯之后，前方照例又是柳暗花明，豁然开朗。山路弯弯，峰回路转，"前方转弯"几个大字一次次地冲击着他的眼球，也渐渐叩开了他的心扉。他恍然大悟：原来，不是路已到尽头，而是该转弯了。于是，他冲着妻子大喊："我要回去，我还有路要走！"

从此，他以轮椅代步，当起了导演，他首次执导的影片就荣获了金球奖。他还用牙咬着笔，开始了艰难的写作。他的第一部书《依然是我》一问世，就进入了畅销书排行榜。同时，他还创立了一所瘫痪病人教育资源中心，并四处奔走为残疾人的福利事业筹募善款。

美国《时代》周刊曾以《十年来，他依然是超人》为题报道了克里斯多夫·李维的事迹。在文章中，李维回顾他的心路历程时说："原来，不幸降临时，并不是路已到尽头，而是在提醒你该转弯了。"

如果克里斯多夫·李维以"让我早日解脱"的信念生活，那估计他的余生会在抑郁中了结，那么这个世界上又缺少了一个好导演。当然，这只是如果，就好像克里斯多夫·李维自己所说："原来，当不幸降临时，并不是路已到尽头，而是在提醒你该转弯了。"当前面已经是死胡同时，为什么不选择退一步，给自己找一个休憩的地方呢？当自己重新燃起了信念之火，那我们就可以重新开辟出一条新的道路来。

康多莉扎·赖斯，出生于1954年11月14日。素有"神童"之誉的她，从小就跟着当小学音乐教师的母亲弹钢琴，4岁时就开了第一个独奏音乐会。她不但学习成绩极其优秀，跳了两次级，而且还把网球和花样滑冰玩得特别出色。16岁时，赖斯进入丹佛大学音乐学院学习钢琴，她梦想成为职业钢琴家。她在音乐方面独具的天赋和他人难以企及的家学，让大家都相信过不了几年她就会成为乐坛翘楚。

可是，出人意料的是她打起了"退堂鼓"，开始了崭新梦想的破冰之旅。原来在著名的阿斯本音乐节上，她受到了打击。"我碰到了一些11岁的孩子们，他们只看一眼就能演奏那些我要练一年才能弹好的曲子，"她说，"我想我不可能有在卡内基大厅演奏的那一天了。"于是，她开始重新规划自己的未来并发现了新的目标——国际政治。"这一课程拨动了我的心弦，"她说，"这就像恋爱一样……我无法解释，但它的确吸引着我。"从此，她转而学习政治学和俄语，并找到了她一生追求的事业。

赖斯并没有追随儿时的梦想成为一名钢琴家，而是在大家都看好的情况下选择了"退却"，并开始了崭新梦想的破冰之旅。她发现了自己再坚持下去，也难以取得超越别人的成就，所以，她果断地选择了放弃，不再固执。在一阵休憩之后，她重新规划了自己的未来，果然，她似乎更适合拼搏于政坛。如果不是当初她决然地舍弃，那么就不会有现在这样出色的政治家了。

• 心灵启示 •

1. 学会转弯

所谓"条条大路通罗马",成功的道路从来不只有一条。当发现前方已经是一条死胡同时,我们就要学会转弯。转弯并不是逃避,当这件事情失败了,那可以改做别的,这并不是说这个人没有毅力。正所谓"天生我材必有用""东方不亮西方亮"。闯入死胡同并不可怕,可怕的是你一直跟自己较劲,这样就会因循守旧地继续失败。转弯是为了寻找更好的道路以便前行,而并非逃避。

2. 不要等撞了南墙才回头

有的人太固执,太较真,他们是不见棺材不掉泪,不撞南墙不回头。在人生旅途中,这样的人总会多走一些弯路,最后也难以获得成功。为什么一定要看到悲惨的结局才放弃呢?在生活中,不要太较真,理智地放弃才是最聪明的做法。当我们发现前方已经无路可走,就要学会退却,选择另外一条路,不要等自己撞得头破血流才放弃,这是相当愚蠢的。

跳出框框,用全新视角看世界

一个人抓了一对跳蚤,放在一个木头箱里。开始的时候,跳蚤不断地往上跳，但多次撞到盖子之后，跳蚤再也不敢往上跳了，它们只好在箱子中间跳，因为它们认为，往上跳就会碰到头。后来，这个人把箱子的盖子拿开之后，跳蚤虽然可以轻而易举地跳起来，但它们依然在箱子中间跳，始终跳不出来。在生活中，很多人跟这些跳蚤一样，总是生活在这样的框框之中。有的人活在年龄这个框框中："我太年轻了，没有经验，不能成功""我太老了，已经没有力量去拼搏了"。其实，这些人之所以得到了一个毫无生气的人生，原因在于他们没能跳出固定的框框。还有的人活在能力的框框中，他们总是对自己说："我没有这个能力，没有那个能力，所以我不能做到。"有的人活在性别的框框中，总是对自己说："我是女人，不像男人可以做事业，所以我做不到。"有的人活在过去的经验中，总对自己说："因为我以前失败过。"如果我们对自己的人生某些地方不满意，那一定是有某些框框限制了自己的行动，只有跳出框框，不再较真，才能延展人生的宽度。

王国维在《人间词话》里说："诗人对宇宙人生，须入乎其内，又须出乎其外。入乎其内，故能写之。出乎其外，故能观之。入乎其内，故有生气。出乎其外，故有高致。"这几句简单的话给予了我们最好的启示：不管是做人还是做事，都需要懂得创新，不能太死板，也不能拘泥于某个地方，而是要跳出这个框框，让人生变得更有延展度。在现实生活中，我们在处理一些问题的时候，绝大多数人都习惯性地按照常规思维去思考，总是因循守旧，不懂得变通，所以最终不得不走向失败。如果我们能大胆地跳出这个框框，那么就会发现在"山重水复疑无路"之后，就会迎来"柳暗花明又一村"的境况。

章鱼的体重可达几十公斤，但它的整个身体却非常柔软，柔软到几乎可以将自己挤进任何一个想去的地方，它竟然可以穿过一个银币大小的洞。因此，一些渔民掌握住了章鱼的这一特点，便将小瓶子用绳子串在一起沉入海底。章鱼一看见小瓶子，都争先恐后地往里钻，不管这个瓶子有多么小、多么窄。

结果，这些在海洋里横行霸道的章鱼，就成了瓶子里的囚徒，成了渔民的猎物，最后成为人们餐桌上的一道美味。

整个海洋异常宽阔，但章鱼却偏偏要向一个狭小的瓶子里钻，最终丢掉了自己的性命。也许，你会嘲笑章鱼的愚笨，但实际上，生活中的我们在很多时候都成了这条章鱼，因不懂得跳出思维的框框，而导致了最后的失败。

王先生在二十岁左右的时候，梦想着自己成为一个培训师，但一想到自己才二十岁，怎么可能成功呢？他认为至少要四十岁以上才有人听自己演讲。由于一直给自己设定框框，他一直没能成为一个培训师。等到自己到了四十岁的时候，才发现时间是不等人的。这时王先生决定跳出"年龄"这个框框，大胆突破，以个人的经历进行职业生涯规划的培训并巡回演讲，开发出了自己的潜能，迎来了崭新的人生。

　　有一次，王先生在一个单位进行商务礼仪方面的培训。一位姓刘的学员在听他讲课时，问道："老师，我的梦想也是当培训师，但是我做不到。"王先生问道："为什么？"那位学员回答说："因为我刚二十岁，而你们这些培训师都四十岁了，有经验，且经历丰富，我是不是年纪太小了？"王先生说："其实是你把自己设在框框当中，跳不出框框，也就达不到自己所想要的结果。你年轻充满活力与朝气，这就是优势，世界第一名演说家安东尼·罗宾二十三岁就成功了。"后来，经过王先生对那位学员的指导，他不但跳出了年龄的框框，而且很快开始行动，现在已经是一位管理顾问公司的负责人了。听到这样的消息，王先生对那位学员跳出框框之后的成长感到很欣慰。

• 心灵启示 •

　　每一个平凡人的成功，都源于他们能够勇于突破框框，向原本认为自己做不到的事情挑战，这样才有了登峰造极的机会。其实，每一个人在生命的旅程当中都有一些框框，那些框框就好像一条绳子，紧紧地禁锢着我们自由的心灵。因为固执、较真，我们总不愿意自己跳出框框，所以才造就了失败的命运。

1. 跳出框框的指南写在框框以外

　　框框，它会扼杀创造性思维、解决方案和创造力，它是外部环境强加给我们的。一位禅宗老师说："跳出框框的指南就写在框框之外。"有时候，束缚我们的框框是我们自己创造的，在这个世界上，也只有我们自己才有力量挣脱束缚，给心灵一个自由的空间。

2. 相信自己

那些不敢跳出框框、在框框里徘徊的人，其实大多都是比较自卑的人，他们不愿意相信自己有能力去做成一些事情。在内心深处，他们是自卑的，也没勇气跳出框框。当然，跳出框框的勇气来源于自信，只有充分地相信自己，才有力量和决心来跳出框框，否则，我们只会终生徘徊在框框里。

适时改变，收获不一样的人生

懂得适时改变，这是智者的选择。莎士比亚曾说："别让你的思想变成你的囚徒。"当一个人的思想已被禁锢的时候，就再也无法为自己寻找一条生路了。因此，要想获得成功，我们就必须懂得适时改变，固步自封或一成不变只会将我们推向无法回头的境地。一艘在大海里航行的船只，如果它想要行驶到目的地，就应该懂得见风使舵。纵观世界万物，它们因为变通而得以生存：为了适应大漠的风沙，仙人掌将叶子退化为刺；为了适应西北的狂风，胡杨扎根百米宽；为了适应海水的动荡，海带褪去了根须。

萧伯纳说："明智的人使自己适应世界，而不明智的人只会坚持要世界适应自己。"懂得适时改变，实际上就是以变化自己为途径，我们改变不了处境，却可以改变自己；改变不了过去，却可以改变现在。在通往成功的路上，我们没有必要那么较真，既然前面的路行不通，那就走旁边的小径吧。适时改变并不是背叛"执著"，而是审时度势之后做出的正确选择。在前途茫然的时候，适时改变是一种理智；在误入歧途时，适时改变是一种智慧；在逆境中懂得适时改变，这是一种远离苦难的策略。

春秋时期，有个秦国人名叫孙阳，他精通相马，无论什么样的马，孙阳都能一眼分出优劣，人们都称他为"伯乐"。在经过多年的相马以后，孙阳将自己积累的经验和知识写成了一本《相马经》。孙阳的儿子看了父亲的《相马经》，就拿着这本书到处去寻找好马，按照书里写的特征，他在野外发现了一只癞蛤蟆，儿子觉得这与父亲所描写的千里马的特征十分相似。于是，他兴奋地将癞蛤蟆带回家，对父亲说："我找到了一匹千里马，只是马蹄短了些。"孙阳一看，没想到儿子如此愚蠢，悲伤地叹息："所谓按图索骥也。"

"按图索骥"这个词语后用来讽刺那些拘泥而不懂得改变

的人。池田大作曾说："权宜变通是成功的秘诀，一成不变是失败的伙伴。"在战胜逆境的过程中，最重要的事情就是必须注意转弯。成功路上，需要我们的坚持到底，但若是遇到了挫折与困难，懂得转弯和改变也同样重要，千万不能食古不化，固执己见，否则只会让自己离成功的目标越来越远。

美国威克教授曾经做过一个有趣的实验：他把一些蜜蜂和苍蝇同时放进了一只平放的玻璃瓶里，瓶底对着有光的地方，瓶口则对着暗处。结果，那些蜜蜂拼命地朝着有光亮的地方挣扎，最终因力气衰竭而死，而那些到处乱窜的苍蝇竟然溜出了瓶口。对此，威克教授告诉我们："在充满不确定的环境中，有时我们需要的不是朝着既定方向的执著努力，而是在随机应变中寻找求生的路，不是对规则的遵循，而是对规则的突破。我们不能否认执著对人生的推动作用，但我们也应该看到，在一个经常变化的世界里，变通的行为比有序的衰亡要好得多。"

只知道不切实际地坚持的蜜蜂最终走向了死亡，而懂得变通的苍蝇却生存了下来。执著与适时改变是两种人生态度，不能简单地说谁比谁更适合自己，但是，单纯的执著与改变都是不完美的，只有将两者结合起来才能达到成功。执著的精神令人敬佩，它可以使我们永远地坚持下去，如果这条路是正确的，那自然是最完美的结局；但是，如果这条路根本就是一条死路，那无谓的坚持只会断送自己的美好前程，不妨适时变通，丢掉不切实际的坚持，这将使我们受益匪浅。

Levi's品牌的创立，就来源于适时改变的智慧。威廉、约克和李维相约去美国淘金，当他们到达目的地以后，却发现比金子更多的是淘金者。面对这样的情况，威廉决定还是去淘金，过着劳苦而贫困的生活；约克发现了废弃在沙土中的银，开始了自己冶银的事业，很快就成为了当地的富翁；李维决定卖耐磨的帆布裤，并加以改造，创造了牛仔裤，创立了世界名牌Levi's。灵活的变通，让约克和李维都获得了成功，只有威廉坚持不切实际的想法，最后成为一事无成的人。

● 心灵启示 ●

1.思想不能太顽固不化

爱默生说："宇宙万物中，没有一样东西像思想那样顽固。"假如我们总是以既定的思维做事，即使闯入了死胡同也要撞得头破血流，那么，最后我们将作茧自缚，难成大事。思想太顽固，太过于较真，那我们最终所走向的是一条没有出路的死胡同。

2.在逆境中，尤其需要懂得适时改变

一个人是否能够成功，关键在于自己的心态。认识自我，超越自我，但是不能脱离实际，必须合情合理地确定自己的人生目标。一个人在面对困难时所坚持的信念，要远比任何事情

都重要，因为信念将决定命运。身处逆境，我们要懂得适时改变，既有坚持，也需要适时放弃，因为做事灵活、懂得变通的人，总是能够赢得最后的成功。

第 7 章

看淡金钱，努力寻得人生幸福的真谛

李白说："千金散尽还复来。"金钱，这个敏感的字眼儿，多少人为它劳累奔波，甚至穷尽一生。但是，我们都忘记了，钱乃身外之物，它只不过是实现目标的工具。因此，对于金钱，我们不要盲目崇拜，否则，只会成为金钱的奴隶。

当你
放过自己

别让奢侈品毁了你的生活

随着经济的不断增长，随之而来的是越来越严重的贫富差距。对此，一些富人阶层就拿出自己的"薪酬""奢侈浪费的生活方式"炫耀，以此达到满足虚荣心的目的。我们经常看到的新闻就是：某某为儿子举办了超豪华的婚礼，谁谁谁又购买了限量版的跑车，等等，这样的一些新闻简直是层出不穷。对这样的一些问题，印度总理给出了这样的建议："媒体所宣传的奢华生活方式同样会传播到贫困山村或者贫民窟那里，如果人们的收入差距持续扩大，将很有可能引发社会的不稳定。像豪华婚礼这样的奢侈支出更应该受到关注，这不但对社会资源造成了极大浪费，而且还在贫困者中间播撒了怨恨的种子。"当然，我们且不论炫富的行为会不会给社会带来不稳定因素，单单就是这样的行为也是极其危险的。虚荣心是会滋长的，当一次炫富得到满足之后，他会一而再、再而三地炫富，这样的后果就是不断地追求奢侈、浪费的生活方式，让自己的人生毁于一场"视觉盛宴"。

第7章 看淡金钱，努力寻得人生幸福的真谛

在炫富越来越流行的今天，竟然出现了年龄最小的炫富女。

在某个跳蚤市场，一个五六岁的小女孩很有钱，价值千元的绝版芭比娃娃，她开口就要三个。另外，还有价值15000元的宠物玩具、几千元的变形金刚、一堆LV的包包。有人好奇地问："你家住的是别墅吗？"小女孩"童言无忌"："别墅算什么，我家住的是城堡，我爸爸是当官的，特大的官。"此语一出，众人顿时惊讶不已。

炫富也分为两种情况，有一种是真富，他的炫耀不过是想展现自己的奢侈生活，对于这样的人而言，大多是为了满足自己的虚荣心，想以此高人一等；还有一种是假富，即根本没什么钱，但就是喜欢炫耀自己多有钱，对这样的人而言，他越是炫耀什么，证明他越是缺少什么。大多数习惯于炫耀的人，其实源于其内心的不安，他们总想通过这样的方式来证明自己的价值，或许，在其他方面，他们没办法证明自己，唯有通过炫富的方式来吸引人们的眼球。

宗庆后是娃哈哈集团董事长。在他42岁时靠卖一瓶瓶饮料白手起家，前前后后花了20多年打造出了一个拥有550亿元营业收入（2010年）的庞大企业。他先后被福布斯全球富豪榜、胡润百富榜、福布斯中国富豪榜评选为内地首富。

但是，就是这样一位富翁，却把金钱看得十分淡。他曾经做过15年的农场农民，采过茶，烧过砖，蹬过三轮车，卖过冰

棒。现在，他已经76岁，是一位坐拥着660亿元身家的"双料"富翁。但他的生活却很简单，飞机只坐经济舱，衣服不穿名牌，每天的消费也就是抽点烟、喝杯茶，从来不向人炫耀自己有多富有。

他的财富更多用于慈善。他说："我认为，首先要为社会创造财富；其次，要为企业的员工谋福利，让他们生活富裕起来，收入不断提高；最后，你有钱了再做点慈善事业，但是做慈善也还是得授人以渔，慈善的最高境界就是你要为社会创造财富。"

说到慈善，他有话说："慈善是一项长期的事业，应该让慈善精神永远传承下去。慈善是不分老幼的，应该成为每个人的自觉行动。现在城市里的年轻人很多都是在优越的条件下成长起来的，体会不到社会上的艰难困苦，心中自然也就缺乏慈善之念。因此，我们有责任引导下一代更多地关心社会疾苦，为社会承担更多的责任。"

宗庆后说："作为一名企业家，应该把金钱看得淡一些，把社会责任看得重一些。人的生命总是有限的，金钱生不带来、死不带去，现在掌握的财富最终都是全社会的。"相对于宗庆后，那些炫富的人虽然富有，但其精神世界却十分贫瘠。那些富有却把金钱看得很淡的人，不论是物质上还是精神上，他们才是真正富有的人。

心灵启示

1. 炫富会让人生走向无底的深渊

为了满足虚荣心的炫富会让人欲罢不能，就好像深陷在泥潭里，难以自拔。如果停止炫富，他就会担心别人是不是怀疑自己根本不富裕，这样的担忧会让他更加疯狂地炫富，结果，人生也走向了无底的深渊。

2. 对金钱要看淡

不管自己有没有钱，对金钱都要看淡。如果你有钱，就更需要看淡金钱，只有这样，才能真正居于成功者之列；如果没钱，那就更不用炫富，因为你根本没资格炫富，如若没钱还要炫富，那你这样做只会让自己的虚荣心不断地膨胀。

有钱，并不一定就幸福

在生活中，许多人认为幸福与金钱有很大的关系，钱越多就越幸福，其实这样的想法是错误的。虽然充裕的物质生活在一定程度上让你感受到了欢愉，但实际上那种快感只是一种欲望的满足感，真正的幸福是不需要任何附加物的，它是来自心里最真实的感觉。拥有了金钱就意味着收获了幸福就更是大错特错了。幸福很简单，或许对某些人而言，有一份自己喜欢的工作就是幸福的，有一个爱自己的人就是幸福的，有一个健康的身体就是幸福的，有一顿不错的晚餐就是幸福的，有几个知心朋友就是幸福的。而这些真切的幸福，都与金钱没有直接联系。而更让人疑惑的是，有的人越来越富有，却说自己一点儿也不幸福。因此，"金钱与幸福画等号"，这本身就是一个悖论。

前几年，美国做了一项调查，即真正的幸福来自于"精神上的满足"。美国纽约罗切斯特大学的研究人员在《个性研究》杂志上报告说，他们对147名大学毕业生进行了跟踪调查，对这些大学生的人生目标和幸福指数进行评估，时间为一年。研究发现，在那些被调查的大学毕业生中许多名利双收的人非但没感到幸福，反而觉得生活没有意义，而真正感到幸福的人是那些实现了"自我价值"的人。大量事实证明，真正的幸福感来自于"精神上的满足"，而并不是金钱上的富足。有些人在获得大量的金钱之后往往会身不由己，甚至会产生失落感，他们的内心是孤独，甚至是痛苦的。

她和男友在大学谈了四年的恋爱，却在临近毕业之际分手了。她提出的分手，理由就是"我不想和你回到那个小镇上去，我喜欢都市的繁荣，我是属于这里的"，男友在心痛之余还是尊重了她的决定。

第7章
看淡金钱，努力寻得人生幸福的真谛

大学毕业后，她认识了一位中年商人，并很快结了婚。商人已经年近四十了，离过两次婚，他贪图她的青春与美丽，而她只想过奢华的生活，她觉得这样的交易很公平。她终于过上了她想要的生活，从衣服到化妆品都是名牌，一双鞋、一件衣服常常成千上万元，挥霍金钱成了她的快乐。她的丈夫常常早出晚归，有时甚至彻夜不回，他的解释永远都是忙。有一天，她在商场看见丈夫与一位年轻女子相当亲密，她很生气。晚上回到家，她质问丈夫，却被其一把推开并恹恹地说："你安心做你的富太太就行了，别的事最好少管。你当初同我结婚还不是看上我的钱，想过富足的生活。"说完便摔门而去，许多天都没有回来。

原来，她在丈夫眼里不过是个寄生虫而已。回忆起过往种种，她只有苦笑。

也许，有的人会把只拥有金钱看作是一种幸福，这样的幸福观是极其错误的。一个人即便是富可敌国，但如果他的精神世界是空虚的，或者是不自由的，那么他绝对不会幸福，甚至会感到很痛苦。

• 心灵启示 •

1. 幸福到底是什么

在生活中，有的人觉得幸福就是自己有许多钱，因此，他

们花很大的力气去达到这样的目标。然而，能到达财富和权力的金字塔尖的人少之又少。于是，许多人瞬间觉得自己是不幸福的。心理学家认为，一个人的幸福与否，很大程度上取决于评判的标准。那些不将金钱与幸福画等号的人，即便他们不富裕，也会觉得自己就是幸福的。

2. 不要为金钱的多少而计较

那些将金钱与幸福画等号的人，很容易为金钱的多少而计较，尤其是当现实与梦想差距悬殊的时候，他们就会觉得自己就是最不幸福的人，最直接的理由就是没钱。钱的多少能影响到心底最真实的幸福感觉吗？答案是不能。所以，请珍惜眼前的生活，不要再为金钱的多少而计较了。

财富在劳动和智慧中诞生

俗话说："穷在闹市无人问，富在深山有远亲。"当今社会，哭穷的人越来越多了。可到底什么是哭穷呢？就像鲁迅先生笔下的祥林嫂一样，一遍又一遍地向人哭诉："我很穷……"同时还详细地描述自己到底有多穷。对于别人的发财致富，他们往往还会"酸溜溜"地说上几句："哎，我就是没人家老王的运气好，那么大的一个工程竟然让他赚到了。"这样习惯哭穷的人，其实是最让人瞧不起的。一个人不应该有事没事总哭穷。贫穷了就去奋斗，而不是拿出来让全世界的人都知道。那些习惯哭穷的人不会意识到，别人听你哭穷心里是什么样的滋味。别人会想你到底有多穷呢？比你穷的人多的是，有的人比你更穷，但别人有自尊，有骨气。如果你不想贫穷，那就让自己富起来，否则你就停止哭穷这样的愚蠢行为。

新东方的校长俞敏洪在创业之前也是一个穷小子，但他有骨气，从来不哭穷，因此才有了今天的成绩。说到他的创业经历，令人为之动容。

有一次，新东方的一个员工被竞争对手用刀子捅伤。为了处理这件事，俞敏洪请一个刚刚认识的警察朋友，托他请刑警大队的一个政委出来"坐一坐"。因为俞敏洪不会说话，只会喝酒，也因为内心不从容，光喝酒不吃菜，结果喝着喝着，俞敏洪就失去了知觉，钻到桌子底下去了。见状，警察朋友连忙把他送到医院，抢救了两个半小时才活了过来。

医生说："换一般人，喝成这样，就救不回来了。"而俞敏洪喝了一瓶半的高度五粮液，差点喝死。他醒过来的第一句话是："我不干了！"学校的人背着他回家，在路上，他一边哭，一边撕心裂肺地喊着："我不干了，再也不干了，把学校关了，把学校关了！"最后，他哭够了，喊累了，睡着了。等到第二天早上七点多的时候，他又像往常一样，背上书包上课去了。眼角的泪痕犹在，该干的事情却不能不干，按照他自己的话说，不办学校，干什么去？

当初的俞敏洪，跟许多人一样也是在创业初期奋斗挣扎的小伙子，但就是这样一个人，即便在自己最落魄的时候，他也没有哭穷。与其有时间去跟人唠叨自己的难处，不如利用这点时间去奋斗、拼搏，这样才会真正地脱离贫穷。

马云，阿里巴巴的总裁。面对现在的成功，如果回忆起当初的辛苦，估计连他都难以相信自己走到了今天。

1995年，马云受托去美国催讨一笔债务，结果，他一分钱都没有要到，却发现了互联网。顿时，马云意识到互联网是一座等待开掘的金矿，回到杭州之后，马云身上只剩下1美元和一个疯狂的念头：做互联网。

然而，当他把自己的梦想告诉身边的朋友时，却遭到了朋友的一致反对，但是马云并没有放弃自己的梦想，而是更加坚定了。马云找了一个搭档，加上自己的妻子，3人凑足了2万元的启动资金，开办了自己的第一家互联网公司。刚开始很困难，马云不得不在杭州街头的大排档里，口沫乱飞地讲述自己的梦想，人们都认为他是一个骗子。但是，马云无暇注意别人对自己的称谓，而是不屈不挠地讲述着自己的互联网梦想。慢慢地，他的业务开始艰难地发展起来，马云越讲越有名，他所做的"中国黄页"也越做越大。

这时，杭州电信要求与马云合作，马云当即答应了，并且将营业额做到了700万元。但是，由于之后的合作出现了问题，马云毅然放弃了中国黄页，接受了外经贸部的邀请。在随后4年的时间里，马云又舍弃了2次，这其中的艰辛可想而知。

1999年4月15日，阿里巴巴上线，很快在商业圈里声名鹊起，马云开始在世界各地讲述互联网的梦想。著名的风险投资公司InvestAB的亚洲代表蔡崇信加盟到其中，随后华尔街多家公司向阿里巴巴投入了500万美元，一时之间，阿里巴巴名声大振，马云的互联网梦想实现了。

当时，听说一个教书的去做网络，很多人都嘲笑他，但是马云坚持过来了。在这个路途中，他从来没有说自己有多困难，而是一直坚定不移地走下去，最后，他终于成功了，当然，也赢得了巨额的财富。

• 心灵启示 •

1. 人争一口气

俗话说："靠山山倒，靠人人跑，唯有自己最可靠。"当你在不断地哭穷时，别人不仅不会同情你，反而会看不起你。如果你对自己的生活现状并不满意，觉得自己过的是穷日子，那就去奋斗、努力、拼搏，这样才能真正地改变窘迫的现状。

2. 与其纠结自己的贫穷，不如较真自己是否努力

在生活中，很少有人是含着金汤匙出生的。大多数人所过的不过是平常人家的日子，不富贵，但也不会太贫穷。然而，人都是喜欢比较的，虽然自己并不算很穷，但跟其他人比起来，就觉得自己穷了。于是他们开始纠结自己的贫穷，却从来不思考自己是否努力过。如果你只是哭穷，那根本改变不了任何现状。所以，与其哭穷，不如悄悄地努力，改变自己困窘的现状。

自信是人生最大的财富

与哭穷的人相反，一些人开始"装富"。何谓"装富"？也就是所谓的伪富豪，明明自己没有钱，但为了满足自己那点儿可怜的自尊心，他开始拆东墙，补西墙，就这样过着极其虚伪的生活。在他们看来，这是一种很潇洒的生活方式，即便是背负着债务，也可以令自己活得风光四射。但是，这样的生活真的好吗？装出来的"富"，不过是外在的富裕，其内在却是空空如也。有钱难道就是一种面子吗？在他们看来，这是肯定的，如果自己表现得没钱，那就表示自己失去了面子。于是，他们宁愿让自己变成伪富豪，也不愿袒露真实的自己。

第7章 看淡金钱，努力寻得人生幸福的真谛

阿美月收入3000元。听到身边的同事都买了房子，她也眼红了，如果自己不赶紧买房子，岂不是被人比下去了？于是，就在去年11月，阿美如愿按揭了一套房子，拿到房产证的当天，阿美如释重负：我终于不需要再租房了，我终于迈进有房一族了，我终于是房子的主人了。

然而，月供1715元的房贷压得阿美喘不过气，承受着"一天不工作，就会被世界抛弃"的精神重压，不敢娱乐、不敢生病，除了买书以外不敢高消费。自己的辛酸不足为外人道也，至此阿美终于发现，自己其实并不是风光八面的房主，而是货真价实的"房奴"。

阿美常常想，要是不买房，节省下来的钱足以使我的生活质量提升一个档次；要是不买房，节省下来的钱也足以让远游的自己多一分孝敬父母的心意；要是不买房，自己也势必活得更有尊严，不必承受许多原本不该有的精神重压。自己拥有了房子，却失去了幸福，也感受到了压力。

近几年，"房奴""车奴"和"卡奴"等一些新词汇开始悄然流行起来，虽然每个人嘴上都显得心不甘情不愿，但表面上却表现得很享受当下的生活。从经济学的角度来看，超前消费可以通过储蓄和贷款对消费进行跨期替代，实现自身效用最大化，这在某种程度上来说是合理的。但是，我们不能忽略超前消费所带来的弊端，那就是容易滋生盲目攀比，出现大量的

伪富豪等现象，甚至在追求高消费而无力偿还的情况下，做出违背道德甚至触犯法律的事情。

• 心灵启示 •

1. 装富是一种盲目崇拜财富的表现

有位习惯装富的先生是这样生活的：工作四年，只有几千元存款的他，平均每个月收到三四份不同银行寄来的对账单，总还款额每月不低于3000元。而他每月的总收入也不过5000元左右。除了还信用卡之外，他还要支付房租、水电费、交通费用、社交活动费等，这让他时常感到财务紧张。为了装富，结果把自己逼到了无路可走的地步，这又是何必呢？

2. 活得自信就是最大的财富

像伪富豪那般地活着，虽然外表很光鲜，但其内心却十分惶恐。这样的人，如同浑身带着几十斤重的金链子，会感到喘不过气来。活得这样累，人生会有幸福可言吗？有的人虽然不富裕，但他很自信地活着，于是他就成了最富裕的人。

修炼财商，树立正确的金钱观

《茶花女》书中有一句名言："金钱是好仆人、坏主人。"

第7章
看淡金钱，努力寻得人生幸福的真谛

是做金钱的主人，还是做金钱的奴隶，这反映了两种不同的金钱观。金钱观是对金钱的根本看法和态度，是和人生观紧密相连的。不同的金钱观，决定了你与金钱之间的关系：如果你贪慕虚荣，崇尚荣华富贵的生活，那么你就是金钱的奴隶；如果你觉得生活除了物质享受以外，还需要精神上的愉悦，那么你就是金钱的主人。对我们而言，要树立正确的金钱观，学会驾驭金钱，不做金钱的奴隶。虽然钱可以买到很多东西，可以建立一个在物质上比较富裕的家庭，还能过较为舒适的物质生活，但是我们的幸福生活绝不是被物质填充起来的，大多是来自于精神上的愉悦。透过金钱的魔力，揭开它那神秘的面纱，你就会发现那不过是一种商品。我们对金钱要有一种正确的认识，既不能把它当作"阿堵物"，连碰都不碰，也不能为它而疯狂，甚至用一些卑劣的手段去获取它，而是需要"取之有道，用之有度"。

清朝年间，山西太原有一个商人，生意做得十分红火，常年财源滚滚，他请了好几名账房先生，但还是不太放心，每到算总账的时候就要自己去算。因为钱的进出又多又大，他天天早晨就开始打算盘一直熬到深更半夜，经常累得腰酸背痛、头昏眼花，晚上睡觉之前还想着明天的生意，一想到成堆成堆的白花花的银子就格外兴奋激动。就这样，白天他忙得不能睡觉，夜晚又兴奋得睡不着觉，结果患上了严重的失眠症。在他们家隔壁，有一对靠做豆腐为生的小两口，每天清早就起来磨豆浆、做豆腐，说说笑笑，快快活活，这边的老头在床上翻来覆去，摇头叹息，对隔壁那对穷夫妻又羡慕又嫉妒。老太太说："老爷，我们要这么多银子有什么用，整天又累又担心，还不如隔壁那对穷夫妻，活得那么开心。"老头笑着说："他们是穷才这样开心，富起来就不会这样了，很快我就让他们笑不起来。"说着，老头翻下床从钱柜里抓了几把金子和银子，扔到了邻居家豆腐坊的院子里。

那对夫妻正边唱边做着豆腐，突然听到了院子里的声响，看见了闪闪的金子和白花花的银子，连忙放下手里的活儿，慌手慌脚地把金银捡起来，心情紧张极了，也不知道该把这些钱藏在哪里才好。自此以后，再也听不到他们说笑了，也听不见他们唱歌了。

富商虽然过着衣食无忧的生活，却经常因为金钱而累得腰酸背痛，甚至患上了严重的失眠症；而隔壁那对穷夫妻，虽然只是以卖豆腐为生，但清贫的日子却过得有滋有味。可是，当富商向隔壁那对穷夫妻扔下了金子银子，就再也没有听到他们的笑声和歌声了，他们也开始整日为金钱而劳累了。究其原因，就在于穷夫妻和富商一样，在金钱面前失去了自我，成了金钱的奴隶，所以，他们的生活也失去了往日的欢声笑语。

靳羽西，学者、记者、电视主持人、人道主义者、企业家和社会活动家。美国《福布斯》杂志对靳羽西的评价是："她用一支又一支的口红改变了中国人的形象。"她在1999年4月荣获"世界杰出女企业家"称号，曾出资赞助第四届世界妇女大会，并多次出资捐助中国灾区，非常关心公益事业，屡次获得"杰出妇女奖""杰出人才奖"等各项国际性奖。这样的女人却并不认为获得荣誉与金钱就是人生的成功，在靳羽西眼中，成功的人生是受尊重，事业成功，健康和爱。

在大多数人眼里，她是一个名利双收的人，有人曾问她"你的身价是多少"，她却坦言："身价无价，这不能用金钱来衡量，我并不看重财富，财富不能代表你就是一个高尚的人、有品位的人。我做事情首先看它有没有意义。我原先做的很多电视节目都是中国政府邀请我做的，不赚钱，甚至亏本，但我喜欢做，值得做。我现在开发的'羽西娃娃'卖得很好，但我坚持把销售收入的15%捐献给联合国儿童基金组织。"

那些有着正确金钱观的人，对金钱比较淡漠，在他们的思想里有着比金钱更为重要的、更宝贵的东西，正如靳羽西所认为的那样"成功的人生是受尊重，事业成功，健康和爱"。

● 心灵启示 ●

1. 成为金钱的主人

犹太人一直把金钱奉为世俗的万能上帝，但他们却没有成为金钱的奴隶，更没有在金钱面前俯首称臣，而是成了金钱的主人，掌控了自己的财富人生。世界有名的亿万富翁洛克菲勒对金钱的看法就是：不但不做钱财的奴隶，相反，还把钱财当作奴隶来使用。

2. 不做金钱的奴隶

《佛光菜根谭》："有钱可以买到美食，但买不到食欲；有钱可以买到药品，但买不到健康；有钱可以买到床铺，但买不到睡眠；有钱可以买到赞誉，但买不到知己。"人生中的财富无数多，并不是只有金钱才能被称为财富，我们还需要拥有内在的财富，那才是取之不尽用之不竭的财源，这才是真正的财富人生。不做金钱的奴隶，翻身变做金钱的主人，我们才会收获一份轻松的心情。

第 8 章

看淡得失，
不念过去不惧将来

孟子曰："鱼，我所欲也；熊掌，亦我所欲也，二者不可得兼，舍鱼而取熊掌者也。生，亦我所欲也；义，亦我所欲也，二者不可得兼，舍生而取义者也。"漫漫人生路上，我们总是面对着得与失的艰难抉择，得与失就如同一对生死兄弟，我们只能选择其一，有得必有失，有失必有得。

你越在意，就越容易失去

　　世间诸事就像沙粒，握得越紧溜得越快。在生活中，许多事情是不能强求的，当我们极力渴望某种东西的时候，就越有可能失去。其实，对于世间万物，得失是一种缘，这是一种淡然、从容的缘，不能着急，不能较真，越是握得紧，就越容易失去。当我们获得了某件心爱的东西，可以说这是幸运的，不管最后的结局怎样，我们的心都是满足的。这些东西能够伴随我们一生当然是最好的，但如果失去了，也不要为失去而伤心、落泪、心碎，毕竟自己曾经拥有过，得到过。想想自己在过去获得快乐的那段日子，现在虽然失去了，但那些快乐的记忆依然留在我们的心中，这难道不也是一件值得高兴的事情吗？

　　生活中的得失是一种必然，获得了，应该快乐；失去了，也不要因此觉得痛苦。一件东西，当我们握得太紧，就容易伤害到这件东西本身，同时，还容易让它从我们的指缝间溜走。当我们越是在乎一件东西的时候，就越有可能失去这件东西，这也是必然的，这就好像手心里的沙粒；反之，如果你将手摊开，将沙粒平放在手心，你会发现，那些调皮的沙粒可以安静地躺在那里，一动不动，它们不会溜走，也不会逃跑。一个人需要自由的空间，万事万物亦是如此。当我们以坦然的心境对待，对心爱的东西不要紧握，给予它以自由呼吸的空间，那它才会伴随着我们，我们也不容易失去心爱的东西。越在乎，越容易失去，因为太过在乎，我们总是患得患失，花了大量的时间和精力纠结于在乎的痛苦中，结果，不知不觉间，那些东西已经离我们而去。而且，因为太过在乎，若是失去了，内心必然承受不住丧失之痛，这对我们的人生何尝不是一次打击？

安安在读大学时，就梦想着成为一名演员。然而她并不是就读于北影，或是央戏这样的一流院校，她上的不过是一个二流的大学。她整天拿着小说，幻想着自己有一天能在大屏幕上扮演不同的角色，说着不同的台词。偶尔遇到只有自己一个人的时候，她还会自言自语，自编自演。朋友都说："安安，你疯了吗？"安安只是笑着，因为这是自己一生的梦想，是不允许别人嘲笑的。

其实，安安长得很漂亮，属于那种让人眼前一亮的漂亮女孩，如果在大街上偶遇某个星探，她是有可能成为明星的。不过，这都只是假设而已，即便自己的梦想远得什么都看不见，但她从未放弃过。

大学毕业后，安安开始北上，她听说，王宝强就是在北影门口排队当群众演员时被发现的，说不定自己也有这样的好运呢。于是，安安每天都到那里排队，希望自己能在大屏幕中露个脸。但几个月过去了，安安还是安安，认识她的人寥寥可数。有一天早上，就在安安打算横穿马路去北影门口的时候，一辆小轿车不知道从哪里冒了出来，来不及刹车，安安被车门刮倒在地。等安安站起来，看见黑色玻璃里自己那张带着血的脸时，她惊叫一声，晕倒在地。

所幸的是，安安的伤并无大碍，只是脸上多了一道疤痕。拿着镜子，安安想：难道自己来北京的目的就是这个吗？那个自己握得紧紧的梦想，似乎一下子就消失了。想到这里，安安忍不住流下了眼泪。哭了一个月，安安才振作起来，她开始到处投简历，找工作，日子在忙碌中一天天过去，她早忘记自己当初来北京的目的了。

如今，安安已经是某杂志社的主编了，她的照片经常会上报纸，看上去还是那么漂亮，只是多了一些成熟和睿智。偶尔看着自己的照片，想想过去那个曾经抓得紧紧的梦想，安安才想到一句话：有些事情就好像手中的沙粒，握得越紧，越容易失去。

有时候，当我们觉得一定要得到某件东西，否则誓不罢休时，那我们在追逐这个东西的过程中，估计就会真的失去了。人生中的许多际遇是无法强求的，有可能在街角的某处，我们会遇到人生中的大贵人，也有可能在我们获得宝贵东西的那一刻，突然之间失去了，这些都是有可能发生的。

● 心灵启示 ●

1. 越是在乎，越容易失去

当我们极力渴望得到一件东西的时候，就很在乎这件东西的得失，可是有时候越是在乎越容易失去，越容易让自己痛苦。手中的沙土越去抓紧越容易流下来，最后只剩下少之又少的尘埃。世间万物皆是如此，对于自己渴望获得的东西，不要太过在乎，而是需要怀着淡然从容的心态，这样我们才能如愿得到自己想要的东西。

2. 坦然面对得失

人生本来就是一种承受，当心爱的人离自己而去，不论你怎样呼天唤地都于事无补，因为生活本来就是聚散无常，世道本来就是跌宕起伏。得意时，好事如潮涨；失意时，皆似花落去。不要把得失看得太重，不管是获得，还是失去，这都是我们生命中不可缺少的一部分，我们应该坦然面对。

努力争取，得失随缘

在生活中，我们对于有些事物往往是等到失去时才觉得弥足珍惜，进而觉得遗憾，遗憾是因为失去的东西对自己很重要，那是自己努力争取过的，越是觉得惋惜越是说明东西的重要性。不过，遗憾也无济于事，因为世事难料，所谓"塞翁失马，焉知非福"，对于那些争取过的东西，我们不应该害怕失去。当然，失去意味着结束，对已成定局的事情做无谓的挽留或争取，那不过是在浪费自己的时间和精力，这是很愚蠢的，也是没有任何意义的。如果失去了，就应该让这件事告一段落，而不是处处较真，总是纠结在失去的痛苦之中。在失去之后，我们应该及时调整自己的心态，及时总结，吸取教训，避免在以后的生活中出现类似的问题，使自己得到成长。

不要害怕失去，因为我们所拥有的一切都将失去；不要担心未来，所有属于你的都会出现。当我们已经竭尽全力，努力争取过，那就不要害怕失去，自信、坚强、勇敢是洒在你心田的阳光。我们的老祖宗留下了一句老话："旧的不去，新的不来。"这是很有道理的，正因为失去了，我们才会努力，使自己重新拥有更好的，这样社会才会进步。对我们而言，有些东西在冥冥之中是注定的，是你的终究是你的，不是你的就算你得到了还是会离你而去。只要我们努力过、争取过，那就不要后悔。因此，一旦失去了就不要较真、不要强求，凡事随缘，这样自己也就不会太累。

老周是中学里一名优秀的老师，风趣幽默，博学多才，深得学生们的喜欢。照理说，这样一份稳定的工作，应该算是可以了。但老周并不这样想，想到家里拮据的生活，以及总是穿着朴素的妻子，他就觉得心酸。他觉得，一个大男人不应该让妻儿过这样的生活。"教师"这个职业，真的像某些人说的那样，吃得饱，饿不着，但永远也只能维持这样的水平，永远也富不了。老周眼看着身边的同学都下海经商了，他眼红了，谁不想过好日子呢？老周觉得，自己也可以去尝试一下。

说干就干，老周办了停薪留职手续。其实学校正在进行人事调动，大家都觉得老周会成为学校领导班子的一员，却没想到他在这时候办停薪留职。但老周只是笑笑："没事，万一海里不好混，我就还上岸来。"大家都笑了。

老周拿了家里的全部积蓄，通过朋友的介绍，南下广州做小生意。殊不知，商海并不如学校那样安静，对于经常研究教学的老周而言，商海确实比较复杂，人心叵测，尔虞我诈，这让周老师感到很疲惫。这个世界是怎么了？怎么人们全部变成了这样子呢？虽然经常会有这样的感叹，但周老师还是努力去做生意，可他好像天生就不是做生意的料，不是投资失败，就是血本无归。

两年过去了，周老师还是一贫如洗，而且积蓄也没有了，无奈之下，他只好灰溜溜地回到了家里。闭门待了一个星期，周老师想通了，自己努力了、争取了，即便做不成生意，损失了钱财又怎么样呢？那至少证明自己原来并不适合做生意。这样想着，周老师决定重新回到学校做老师。

回到学校，周老师还是一名普通的老师，当年跟自己同一个水平的同事都成了领导。一时之间，周老师领悟了得失的奥秘。朋友纷纷为周老师当年的冒失"下海"感到惋惜，更为现在的状况感到担忧，但周老师却说："没事，凡事争取过，努力过，即便是失去了，我也不会后悔。"

对于未来的美好生活，周老师敢于去争取，敢于去努力，即便这个环境与自己的个性格格不入，他也会努力把事情做好。虽然他最后做生意失败了，但在得失之间变得从容的他并不觉得后悔，更不会有遗憾。他觉得，凡事只要自己争取过了，努力过了，即便最后失去了，自己也是不会后悔的。

• 心灵启示 •

1. 失去意味着过去

不论失去的对我们有多么重要，那都是已经失去的，过去已经成为历史，而这些都是无法更改的。有些事物失去并不可怕，可怕的是人失去自我，失去信心。当我们面临失去，面临困难、挫折的时候，我们要相信阳光总在风雨之后。人生会面临无数次的取舍，不要害怕失去，只要我们把握现在，着眼未来，只要心中怀着希望，就会拥有一个更好的明天。

2. 不要为失去而计较

当我们总为失去计较的时候，那是因为我们舍不得失去，总在为失去而后悔、惋惜、痛苦，但即便是这样，又能怎么样呢？难道后悔和惋惜可以让我们重新获得那些失去的东西吗？当然不能，因此，与其为失去而痛苦，不如为新的开始而努力。

别害怕失去，它会以另一种方式归来

有时候，暂时的失去只是为了更好的获得，此所谓"小失积攒大得"。人们常说："好汉不吃眼前亏。"有些人总是不能容忍自己失去一点点，即便是蝇头小利也不行。结果，他们虽然暂时得到了，却永远失去了成功。实际上，这些所谓"好汉"的想法是错误的，真正的好汉应该有着锐利的眼光，他们所关注的是最后的"获得"，而不是眼前的收获与利益，他们宁愿以暂时的失去换取永久的获得，这才是一笔划得来的交易。那些鼠目寸光的人，他们不能吃眼前亏，心胸狭隘的他们不能够允许自己有一点点损失，若失去了，就处处较真，异常痛苦，势必要把自己失去的找回来。虽然他们暂时赢得了小利，却永远地失去了更好的获得。那些真正的好汉，他们愿意吃眼前亏，高瞻远瞩的他们愿意以小失换大得，最后促成自己的成功。其实，凡事确实是这样。有时候，在眼前的不过是蝇头小利，即使你千方百计追寻到了，那也不能铸就自己的成功。与其紧紧地抓住眼前的东西，倒不如把眼光放长一点，放长线钓大鱼，这样才能收获更多的东西。

2005年胡润百万富豪榜中，严介和以125亿元的资产位列中国大富豪第二位（中国台湾地区不计入）。即便是他今天如此的成功，在他发迹之前，也曾做过吃亏的事情。

在1992年，严介和租赁了一家濒临破产的建筑公司。但是第一次接下的一项业务，居然是一个被承包商转包五次的建筑工程。他对那个业务进行了预测，立即傻眼了，如果自己接下了这个工程，至少得亏损5万元，这完全是一个没人敢接的工程，所以才落入自己的手中，是接还是不接呢？他陷入了沉思。因为自己没有后台也没有任何关系，在建筑业这个关系错综复杂的圈子中，他只能得到这样的业务。于是，他决定接下这个业务，即使亏损也无所谓。当工程完成之后，验收部门不相信这样的亏本工程会有好的质量。但检测结果令人瞠目结舌，所有指标个个皆优。虽然他亏损了8万元，但良好的质量却为他赢来了一笔又一笔的业务，最终他成功了。

容忍失去眼前的小利益，虽然这会让自己有部分损失，但其实也打通了走向成功之路的大门。严介和以小失换取了大得，巧妙地做了一笔一本万利的生意。人生也是一样，当你认为失去是一种损失，但之后你会收获更多的东西。失去也是一种获得，从表面上失去看似是一种损失，但从长远来看，却是一种福气。

美孚公司闻名世界，当时为了占据中国这个极具潜力的市场，总公司决定在上海开设油灯厂。当时的中国还比较落后，绝大多数的中国人还不懂如何使用煤油灯。美孚公司的负责人在上海花了很长的时间，使出浑身解数，都没有取得想要的效果。后来，公司想出了一个决策：只要顾客购买两斤煤油，就可以得到一盏刻有"请用美孚油"字样的煤油灯。这个决策一出来，很快取得了良好的效果。贪图便宜的人们认为：两斤油本来不贵，还可以白捡一盏价格不菲的油灯，太划算了。于是，购买煤油的人越来越多。短短一年中，美孚公司就"赔"掉了80多万盏煤油灯，这对于公司来说是个不小的损失。然而，正是这80多万盏白送的煤油灯，起到了广告宣传的作用，成了美孚公司取之不竭的财源。就这样，美孚公司迅速占领了中国的"洋油"市场，而且盛销几十年，获利无穷。

美孚公司甘愿吃亏，不惜赔出去80多万盏煤油灯，这在消费者眼里却是"打着灯笼找不着的好事"，于是纷纷购买煤油，谁知，自己却给公司做了一个活广告，这就是典型的"小失换大得"。也因为这样，美孚公司放弃了眼前的利益而获得了长远的利益，小利变大利，利滚利，利翻利，先前看似赔本，最终却收获了高额的利润。这是一种商业计谋，也是每一个人都需要的商业智慧。

• 心灵启示 •

1. 有些失去是必然的

在人生旅途中，有得有失，失去是为了更好的获得。这样想来，有些失去是必然的，是不可避免的。当我们总想着获得的时候，我们必然会失去一些东西，然后才能获得一些新的东西。如果我们紧紧地抓住手里的东西不放，那我们就没办法获得新的东西。

2. 失去是为了更好的获得

如果我们失去了某些东西，比如心爱的人、稳定的工作等，这时不要纠结，处处纠结只会让自己更加心烦。我们所需要做的就是从容面对。只有失去了，我们才能寻找更多新的可能，从而获得一些新的东西。

看开得失，其实都是最好的收获

人生中，即便你得到了，必然还要有所失去；你失去了，

第8章 看淡得失，不念过去不惧将来

依然会有所获得。人生就是得到与失去的过程，人生就在得失之间。在生活中，我们要学会感恩，因为不管是得到还是失去，对我们而言都是一种收获。执着地对待生活，紧紧地把握生活，却又不能抓得过死，松不开手。人生这枚硬币，它的反面正是那悖论的另外一个结论：我们接受失去，从而有所获得。先师们说："人生在世，紧握拳头而来，平摊两手而去。"在我们生命的最后，我们已经无所谓得失，我们所拥有的应该是一份从容面对得失的心态。感恩，其实就是一种从容的心态。获得了，我们应该感恩，感恩上天的恩赐，珍惜自己所拥有的；失去了，我们应该感恩，没有必要为失去而较真，因为失去了才会有新的获得。不管是获得，还是失去，都是组成我们人生的一部分，缺一不可。没有永远的获得，也没有永远的失去，我们所需要做的就是感恩自我，从容面对人生中的得失。

有位农民住在深山里，他经常感到环境艰险，生活艰难，于是便四处寻找致富的好方法。

有一天，一位外地来的商贩给他带来了一样好东西，尽管在阳光下看上去只是一粒粒不起眼的种子，不过听商贩说，这不是一般的种子，而是一种叫"苹果"的水果的种子，只要将它种在土壤里，两年以后就能长成一棵棵苹果树，然后结出数不清的果实，再将这些果实拿到集市上可以卖好多钱呢！

农民欣喜之余，急忙将苹果种子收好，但脑海里涌现出一

当你
放过自己

个问题：既然苹果这样值钱，那么好，会不会被别人偷走呢？于是，他选择了一块荒僻的山野来种植这颇为珍贵的果树。经过两年的辛苦耕作，浇水施肥，小小的种子终于长成了一颗颗茁壮的果树，并且结出了累累的果实。这位农民看在眼里，喜在心中。因为缺乏种子，果树的数量还比较少，但结出的果实肯定可以让自己过上好一点儿的生活。他特意挑选了一个吉祥的日子，准备在这一天摘下成熟的苹果挑到集市上去卖个好价钱。

当这一天到来的时候，他非常高兴，一大早便上路了。但当他气喘吁吁地爬上山顶时，心里猛然一惊，那一片片红灿灿的果实，竟然被外来的野兽和飞鸟吃了个精光，只剩下满地的果核。想到这两年的辛苦劳作和热切期望，他不禁伤心欲绝，大哭起来，自己的财富梦一下子就破灭了。但他转念一想，这不过是一个外乡人赠送的苹果种子，自己也没什么损失，有什么好伤心的呢？在之后的岁月里，虽然日子很清苦，但他依然很乐观，总相信自己一定能找到致富的途径。

不知不觉间，几年的光阴如流水一般逝去。有一天，他偶然之间来到了那片山野，当他爬上山顶以后，突然愣住了，因为在他面前出现了一大片茂盛的苹果林，树上竟结满了累累的果实。这会是谁种的呢？在疑惑不解中，他思索了好一会儿才找到了答案。原来，这么大一片苹果树都是自己种的。

几年前,当那些飞鸟和野兽吃完苹果后,就将果核吐在了旁边,经过了好几年的生长,果核里的种子慢慢发芽生长,最终长成了一片更加茂盛的苹果林。农民想到这里,不由得笑了,自己再也不会为生活发愁了。自己应该感谢那些飞鸟和野兽,如果当年不是那些飞鸟和野兽吃掉了这一小片苹果树上的苹果,肯定没今天这一大片苹果林了。

故事中的农民很懂得感恩,当自己的苹果被飞鸟和野兽吃光之后,他想到这不过是别人赠送给自己的种子,何必为这样的事情伤心呢?后来,当他偶然发现当年那片苹果林竟然变得更茂盛时,想到这都是飞鸟和野兽的功劳,于是非常感谢它们。因为感恩,生活并没有完全夺走农民的希望,最后,这位懂得感恩的农民满载而归。

• 心灵启示 •

1. 以感恩代替计较

当失去了某些东西时,有些人总是计较、痛哭,即便是这样,失去的东西也不会回来,不如以感恩的心态面对。上天在拿走我们一些东西的时候,还会给我们另外一些东西。失去了,不要沮丧,而是要怀着新的希望去迎接新的开始。

2. 失去是另外一种获得

花草的种子失去了在泥土中的安逸生活,却收获了在阳光下发芽微笑的机会；小鸟失去了几根美丽的羽毛，却经过风吹雨打，收获了在蓝天下凌空展翅的机会。人生总是在失去与获得之间徘徊，没有失去就没有获得，而且，失去本身就是另外一种获得。因此，对于得失，还有什么看不开的呢？

第 9 章

接受瑕疵，感谢人生中的不完美

在生活中，让人感到遗憾的事情很多，就好像浩瀚宇宙中的奥秘一样多得说不清。缺憾，可能会令我们感到悲叹、惋惜，但正因为缺憾，才使得世间万物变得唯美动人。"一花一世界，一叶一菩提"，正因为有了小小的遗憾，这个世界才会变得更完美。

相信总有一扇窗为自己打开

据说，所有的基督徒都相信这样一句话："上帝为你关上一扇门，一定会为你打开另外一扇窗。"有时候，前方的路已经走到了尽头，这时不要处处较真，既然已经没路可走了，那就不要纠结于为什么自己钻进了死胡同，而要积极地寻找打开的那扇窗。生活总是一个意外接着一个意外，原本幸福美满的生活可能顷刻崩塌；同样地，原本山穷水尽的境地，也会有"柳暗花明又一村"的转机。对量子宇宙论的发展做出杰出贡献的、著名的"黑洞理论"及《时间简史》的作者——残疾人霍金这样说道："我要感谢上帝，如果我不是残疾人，酒吧、舞厅都会留下我的脚步。我残疾，少了许多社会繁杂的事务，可以集中时间思考问题。"虽然，上帝给霍金关上了一扇门，却为他打开了另外一扇窗。

在一次船舶遇难中，仅剩下唯一一位幸存者被海浪冲到一个无人居住的小岛上。他热切地祷告，求上帝保佑自己早日得到营救，并每天留心观察地平线上可能会出现的转机，然而却什么都没有出现。

后来，他只好筋疲力尽地设法用漂来的木头搭起了一间可以遮风挡雨的小茅屋，并储存一点仅有的东西，可是有一天，当他找完食物回来时发现他的小茅屋失火了，烟尘滚滚冲向天空，最糟糕的事情还是发生了，一切都没有了。他悲愤得几乎晕眩："上帝啊，你怎么可以这样对我！"他大喊着。

然而，第二天一大早，他被一艘驶向小岛的轮船的汽笛声唤醒了，这艘船是来营救他的。他不禁感到疑惑："你们怎么知道我在这里？"营救者回答说："因为我们看到了你的信号烟。"

当事情变得极其糟糕的时候，我们常常容易沮丧，但不应该跟自己较真，因为即便是在经受痛苦和折磨的时候，也许正有另外一扇窗子向我们敞开着。假如地面有茅屋失火了，那或许是信号烟在召唤上帝的恩典。在生活中，不管我们遇到多么糟糕的事情，都不要气馁，而是要振作起来，努力去寻找上帝给我们打开的另外一扇窗。

小迪自幼失聪，但她后来通过自己的努力，成为了某省的残联副主席，画院的专职画家，擅长工笔花鸟画。她说："我相信一句话，上帝给你关上了一扇门，就会为你打开一扇窗。在1岁多的时候，我因药物致残，从记事起，我就生活在一个没有声音的世界里。但父母从来没有把我当特殊孩子对待，一样地培养我，让我自食其力。在17岁那年，父亲把我介绍给画家当弟子，当我第一次看到老师画的《芙蓉鲤鱼》时，我有一种近乎震撼的感觉，我对画画一见钟情，我想，难道这就是上帝给我打开的另外一扇窗子吗？"

看到记者赞赏的目光，她继续说道："学画的过程并不容易，因为我不能要求老师也跟我一样用手语。这时我就用眼睛看，使劲看，使劲记。为了完成老师给我布置的作业，我常常骑上自行车到很远的地方，去寻找一花一草。后来，我干脆到一个工艺美术厂打工，白天上班，晚上练画，每天的时间排得满满的，但我觉得过得很有价值。1992年，日本佛教文化交流中心会长国冈茂夫来我们这里做交流活动，在我们画院一眼相中了我的画。在他的邀请下，我和另外几个女画家在日本北海道联合展出了自己的画作，这个画展连续举办了三届，我的作品还被印成明信片在日本发行。这件事的意义不在于荣誉，而是让我不再那么自卑了。虽然身边有人说，一个聋哑人，随便画一画、混混日子就不错了，但我从来不认为残疾人就不需要进取。我一直在学习，并且会将这样一种习惯坚持到老。"

有时候，我们以为自己遭遇了世界上最残酷的事情，却浑然不知，当我们遭遇困难或挫折的时候，上帝在另外一边已经给我们准备了一条全新的道路，关键在于你是否有良好的心态走到最后。如果遭遇不幸之后，你只会为自己的痛苦而不断较真，那估计上帝也会关上那另一扇窗子。

• 心灵启示 •

1. 不要纠结"门被关上了"

人生从来不会是一帆风顺的，有时候，我们难免会遭遇这样或那样的挫折，这时不要纠结，不要较真，这样只会让我们被阻挡在门外。当一扇门关上之后，我们尝试过打开另外一扇窗子吗？也许，那扇窗子只是虚掩的，而非紧闭的，所以，不要纠结于"门被关上了"，而是要致力于打开另一扇窗子。

2. 希望就在转角处

希望和绝望往往只是一线之隔，当我们以为所有的路都堵死了，却忘记了自己的身后还有一条路。当我们彻底绝望的时候，事情往往会出现意外的转机，所谓"希望就在转角处"，别沮丧，别较真，事情总会有解决方法的。

风光一时是勇夫，笑到最后是赢家

在生活中，一时风光不是赢家，而是谁能笑到最后才是最好的。有时候，那些看上去很不错的人，到最后却毫无作为，而那些看上去很不起眼的人却能够凭着自己的勤勉而获得成功,这就是"笨鸟先飞"的道理。或许,有人说这个世界不公平。其实,这个世界是公平的,即便你先天颇具聪慧,但如果后天不努力,又怎么会成功呢?如果你觉得自己很不起眼,不够完美,也不要感到沮丧。如果你想证明自己,那就努力,让自己变得更强、更优秀。俗话说:"一分耕耘,一分收获。"当我们付出一定的汗水和心血之后,一定会笑到最后的,而这不正是证明自己最好的机会吗?

《龟兔赛跑》的寓言故事是这样的:

很久以前,乌龟和兔子之间发生了争吵,它们都说自己跑得比对方快。但兔子嘲笑乌龟的步子爬得慢,乌龟笑了:"我总有一天会和你赛跑,并且赢你。"兔子说:"好啊,你很快就会知道我跑得有多快。"

于是,它们决定通过比赛来一决雌雄,确定好路线之后它们就开始跑了起来。兔子一个箭步冲到前面,并且一路领先。看到乌龟被远远地落在了后面,兔子觉得自己可以先在树下休息一会儿,然后再继续比赛。于是,它就在树下坐了下来,并且很快就睡着了。乌龟慢慢地超过了它,并且完成了整个赛程,无可争辩地当上了冠军。兔子醒过来后,才发现自己输了。

这个故事想必大家已经耳熟能详了。它给我们的启示是:兔子的失败在于太过于自信而导致粗心大意、疏于防范,如果兔子没有那样自以为是，那乌龟根本就没有获胜的可能性。其实，对于这个寓言故事，我们应该有一番全新的理解。或许，在生活中，我们大多数人都是步子比较慢的乌龟，可能天资不够聪慧，可能家境比较贫穷，甚至可能自身带着缺陷，但我们也一样可以跟寓言中的那只乌龟一样，即使走得慢些最终也能到达终点。当然，前提是保持良好的心态，心中有一股继续前行的冲劲儿，否则只会前功尽弃。

下面是有轻度智力障碍的王先生的自述：

从小我就相信"笨鸟先飞"，因为我有轻度智力障碍，不够完美，比起同龄的孩子差很多。所以父母从小就教育我要笨鸟先飞，要比别人更勤奋。

在学习中，别人往往读三遍就能把一篇文章读得很顺畅，而我则需要读十遍甚至更多。别人一次就能办好的事情，我需要七八次。但我在困难面前从来不妥协，我始终牢记：笨鸟能先飞。靠着这样的倔劲，我完成了学习生涯。进入社会后，我觉得很自卑，因为我长相平平，还有轻度的智力障碍，我觉得比起那些完美的人，我简直就像一只丑小鸭。

但是，能怎么办呢？我还是一样要生活下去，这才是我人生的信念。为此，我开始辛苦地找工作，到处面试。好不容易进了一家公司，还需要从打杂的做起，短暂的沮丧之后，我振作了起来，我要证明我自己。于是，白天我在公司充当同事

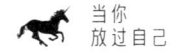

的打杂工，晚上就回家学习，同时，我还观察同事们是怎样工作的，就这样，不知不觉间，我熟悉了工作流程。等到开始正式工作的时候，我已经比较熟练了，领导对于我的表现惊讶不已。现在，我已经是公司的总经理了。我觉得，任何的缺憾都不会影响我人生前进的脚步，如果我想走得更远，就应该努力、努力、更努力。

朋友都说我像《阿甘正传》里的阿甘，虽然身体残疾，但心不残疾，虽说是一只笨鸟，可笨鸟往往先翱翔于广阔的天空。我以自己的亲身经历告诉大家，比别人笨并不可怕，可怕的是你心里承认比别人笨，并因此妥协。

在生活中，那些笑到最后的人，往往是能正视自己缺憾的人。虽然，就外在条件而言，他们并不是最优秀的，但他们从来不对命运妥协，他们总是以另外一种方式展现自己应有的价值。

• 心灵启示 •

1. 别自卑

如果我们自身有着某种缺憾，千万不要自卑，而是要正视自己的缺憾，这样我们才会有好的心态去迎接每一天的新挑战。如果你总是较真自己的缺点，不愿意去试着改变，那最后将会一无所成。自信一点儿，学会相信，即便你是步子最慢的乌龟,也一定能赶上跑得最快的兔子。

2. 笨鸟先飞

不管我们相信不相信,在这个世界上,真的有一种奇迹,叫作"笨鸟先飞"。不怕你笨,就怕你不肯下功夫。只要你有恒心,努力坚持下去,即便你是笨鸟,也一样能翱翔在广阔的天空。

发挥你的特长,从容成就自己

在生活中,我们都听过"让兔子去跑步,让鸭子去游泳"的故事。显而易见,每个人都是有自己的优势的,而更重要的一点是每个人都只有从自己的优势出发才能获得成功。积极心理学家马丁·塞利格曼在积极心理的研究中得出这样一个结论:"成就和幸福的核心在于发挥你的优势,而不是纠正你的弱点,第一步就是识别你的优势。"一个人若是要想主宰心的航向,就应该全面地认识自己,既要正视自身的缺点,又要把握好自己的优势。一旦你没能够清楚地认识自己,将会导致内心产生自负或自卑等心理,而这些负面心理将会影响你一生的发展。在追求个人发展的过程中,我们要善于扬长避短,将自己的长处发挥到淋漓尽致。

三国时期，杨修虽然颇具才能，但他最大的短处就是喜欢表现自己，喜欢在曹操面前邀功，这是其他同僚都知道的事情。当时，曹操的儿子曹植很喜欢杨修的才能，常常邀请他到府里谈论逸闻趣事，整夜都不休息。曹操和众位大臣商议，想立曹植为太子。曹丕听说了，就密请朝歌长（朝歌县的县长）吴质到他府中商量对策，又怕被人发觉，就让吴质藏在一个大筐里，上面放些布匹，别人问起，就说是布匹，用马车把吴质拉进了曹丕府中。

正好杨修看见了吴质从筐里爬出来。他和曹植是好朋友，当然希望曹植能当太子，于是，就跑去向曹操告密。曹操派人在曹丕府前检查，曹丕慌忙地告诉了吴质，吴质当然知道杨修的短处，猜想他会去告密。于是，吴质说："不用担心，明天用大筐装上布匹拉到府里来，迷惑一下他们。"第二天，曹丕就派人按吴质所说的话去做了。

曹操派的人检查了几次，发现全是布匹，就回去把情况报告给了曹操。曹操怀疑杨修陷害曹丕，从此对他十分厌恶。

在这个案例中，杨修将自己的短处展露无遗，这无疑给了别人一个可乘之机，结果聪明反被聪明误。孙子兵法曰："先不为可胜，以待敌之可胜。"意思是，先要避免自己的弱点，最大限度地发挥自己的长处，这样才有可能得到别人的认同。

第9章
接受瑕疵，感谢人生中的不完美

曾经有一个叫奥托·瓦拉赫的人，在他上中学的时候，父母为其选择了文学之路，但是一个学期下来，老师给他的评语竟然是"瓦拉赫很用功，但过分拘泥，这样的人即使有着完美的品德，也绝不可能在文学上有所发展"。无奈之下，他又开始学习画油画，但这次老师的评语更让人难以接受："你是绘画艺术方面的不可造就之才"。面对这样"笨拙"的学生，大部分人都认为他成才毫无希望，只有化学老师觉得小瓦拉赫做事一丝不苟，具有做好化学实验应有的品格，建议他试学化学。没想到，一接触化学，瓦拉赫的智慧火花一下子就被点燃了，并最终成为诺贝尔化学奖的得主。

这个案例所描述的就是人们广为流传的"瓦拉赫效应"，这个效应指的是人的智能发展都是不均衡的，都有智能的强项和弱项，人一旦找到自己的智能最佳点，使智能潜力得到最大限度的发挥，便可以取得惊人的成绩。在生活中也是一样，每个人都有长处和短处，一旦找到自己的长处，就可以使这方面的潜力得到充分的发挥，最终赢得成功。

• 心灵启示 •

1. 避开自己的短处

成功者信奉的人生格言是：不要将自己的短处暴露出来。一旦暴露出来，你就失去了很多优势。在自然界中，那些具有极大生存能力的动物，往往就是善于伪装自己短处的凶悍的野兽。

如果你只有一条腿，就没有必要勉强自己去做一个运动员；如果你的容貌不够美丽，就没有必要去参加选美大赛。如果你在某些方面确实存在着自身不可抗拒的缺陷或短处，就完全没有必要去较劲，非要在这方面与别人争个高低，否则你只会自讨苦吃。

2. 尽才所用

所谓的成功并不是轰轰烈烈的事业或出人头地的名位，而是我们能够把握好自己的优势，能"尽才所用"，这才是作为一个人的最大成功。每个人都想成为高大的树木，渴望矗立在高处俯瞰这个世界，但是命运的捉弄往往使我们成为一丛丛小草。或许，在许多人看来，小草是卑贱的，渺小的，但是，即使是如此渺小的东西，也能凭借自己的优势在酷寒的严冬里绽放出不一样的美丽。

有缺点的人，反而更受欢迎

幽默一直被称为只有聪明人才能驾驭的艺术，而自嘲又被称为幽默的最高境界。自嘲是缺乏自信者不敢使用的语言艺术，因为它要你自己调侃自己，也就是要拿自身的失误、不足甚至生理缺陷来"开涮"，对丑处、羞处不予遮掩、躲避，反而把它放大、夸张、剖析，然后巧妙地引申发挥，自圆其说，博人一笑。由此可见，能自嘲的人必须是智者中的智者、高手中的高手。在人际交往中，如果自己的某个缺点暴露出来，让整个场面变得尴尬，这时就应该用自嘲来化解窘境，这样不仅给自己找了台阶下，而且很容易产生幽默的效果，会让大家觉得你很风趣。当然，如果我们想运用自嘲的艺术，那就必须具备豁达、乐观、超脱、调侃的心态和胸怀。如果缺少这些特质，你便无法运用这门艺术。有的人自以为是、斤斤计较、尖酸刻薄，他们是难以说出自嘲的话的。自嘲的艺术是最为安全的，因为它谁也不伤害。你还可以用它来活跃谈话气氛，消除紧张情绪；在尴尬中找个台阶，保住面子；在公共场合获得人情味；在特别场景中含沙射影，刺一刺无理取闹的小人。

在一个中秋佳节，乾隆皇帝在御花园召集群臣赏月。他一时兴起提出要与纪晓岚对句集联，以增雅兴。一向自恃才高八斗、文思敏捷的乾隆先出了上联：玉帝行兵，风刀雨剑云旗雷鼓天为阵。出完了上联，乾隆踌躇满志地望着纪晓岚，看他如何对下联。

纪晓岚沉思片刻，对出了下联：龙王设宴，日灯月烛山肴海酒地作盘。明眼人都看出，纪晓岚的下联不但工整，而且气势宏大。乾隆听了下联，脸色开始阴沉下来。这时纪晓岚当然明白乾隆的心思，俗话说："伴君如伴虎。"一向好胜的乾隆，怎么容得下自己所出的下联呢？看来自己不该一比高低，否则弄不好会引来杀身之祸。

面对这样的情况，纪晓岚心里也很着急，但他并非等闲之辈，只见他灵机一动，巧舌如簧："皇上您贵为天子，故风雨雷电任凭驱策、傲视天下；微臣乃酒囊饭袋，故视日月山海都在筵席之中，不过肚大贪吃而已。"听到纪晓岚这一番话，乾隆刚刚消失的得意之色再露，笑着对纪晓岚说道："爱卿饭量虽好，如非学富五车之人，实不能有此大肚。"

在案例中，纪晓岚适度的自嘲，不仅仅是一种良好的修养，同时还为自己化解了一场危机。通过这个故事，不难看出纪晓岚拿自己开涮的勇气，当然，以他这样可爱的"缺憾"，自然能够赢得乾隆皇帝的喜欢了。在平时生活中，自嘲可以营造出宽松和谐的气氛，可以让自己活得更轻松潇洒，在让别人感受到自己的幽默和风趣的同时，还可以较好地维护好对方的面子，这样一来，自然会招人喜欢的。

小王是一个大胖子，但他却不以胖为耻。在生活中，他经常自嘲说："我是个比别人亲切三倍的男人，每当我在车上让座给别人时，我的一个座位中可以坐下三个人。"轻松愉快的自嘲，正是小王信心十足的有力表现。

虽然其他人见到小王这样的体形，刚开始应该是没什么好感的，但跟他接触时间长了，都会忍不住喜欢他。每个人都是有缺点的，小王招人喜欢的原因在于，他不仅能坦然面对自己的缺憾，而且还敢拿自己的缺憾开玩笑，而这也让他的那些缺憾看上去更可爱。

当你置身于难堪的境地时，如果过分掩饰自己的失态，反而会弄巧成拙，使自己越发尴尬。相反，如果以漫不经心、自我解嘲的口吻说几句取悦于人的话，却可以活跃气氛、消除尴尬。

· 心灵启示 ·

1. 与其纠结自己的缺憾，不如先笑自己

有人说："无论你想笑别人什么，都不妨先笑你自己。"在现实生活中，自嘲简直可以说是治疗尴尬的一剂良药，当自己遭遇尴尬的时候，不妨拿自己开涮，反而会让别人开怀大笑。有的人甚至觉得自嘲是一种心理成熟的标志，虽然你看似损失了面子，实际上却以真诚的人格魅力赢得了他人的青睐。

2. 自嘲是一种招人喜欢的方式

有的人很自卑，觉得自己有某种缺憾，就肯定得不到别人的喜欢。其实，这样的想法是有失偏颇的。即便是有缺点，那也是正常的，不必为此感到自卑，如果你能乐观地对待，以自嘲的方式来袒露自己的缺憾，那给别人的感觉就是一种良好的修养。当然，通过自嘲，你也可以赢得人们对你的喜欢。

接纳缺憾，活出自信的自己

有缺憾怎么办？别沮丧，如果你足够自信，一样可以弥补一切的缺憾。对意大利前锋卢卡·托尼来说，既没有出众的技术，也没有惊人的速度，却站在前锋的位置，这何尝不是一种糟糕的境况。但是托尼并没有放弃，他相信自己，并努力修炼自己的"头球"功夫，最终成为"头球机器"。因为自信，他成了意大利永远的旗帜，一个不可失去的出色前锋。瑕不掩瑜，真实的人生不一定要完美，缺憾未尝不是一种惊人的美丽。人生贵在真实，瑕不掩瑜，只要自信，我们就能够弥补缺憾，这根本无损人生真切的美丽。在很多时候，我们要善于接纳自己，对自己充满自信，不管是自己的优点还是缺憾，都要以平常心看待。

琳达是一位电车车长的女儿，从小就喜欢唱歌和表演，梦想着自己能够成为一名当红的好莱坞明星。然而，琳达长得并不算漂亮，她的嘴看起来很大，而且还有讨厌的龅牙。每次公开演唱时，她都试图把上嘴唇拉下来盖住自己的牙齿。

有一次，她在新泽西州的一家夜总会演出，为了表演得更加完美，她在唱歌时努力拉下自己的上嘴唇来盖住那讨厌的龅牙，但是，结果却令自己出尽洋相，这真是一次失败的演出。琳达看起来伤心极了，她觉得自己注定失败，打算放弃自己当初的梦想。

然而，正在这时，同在夜总会听歌的一位客人却认为琳达很有天分，他告诉琳达："我一直在看你的演唱，我知道你想掩盖的是什么，你觉得自己的牙齿长得很难看。"琳达低下了头，觉得无地自容，但那个人继续说道："难道说长了龅牙就是罪大恶极吗？不要去掩盖，张开你的嘴巴，观众看到你自己都不在乎，他们也就不会嘲笑你，反而还会喜欢你呢。再说，那些你想掩盖住的牙齿，说不定能给你带来好运呢？自信一点儿，丫头，你会成功的。"琳达接受了客人的建议，努力让自己不再去注意牙齿。从那时候开始，琳达只要想到台下的观众，她就张大了嘴巴，自信而热情地歌唱，就这样，最后她成了好莱坞当红的明星。

卡耐基说："你应庆幸自己是世上独一无二的，应该将自己的禀赋发挥出来。"无论是龅牙一样的缺点，还是难以弥补的缺憾，它一样是组成生命的重要部分，在生命中占据着不可或缺的位置。如果我们总是寻找完美的东西，寻找一份完美的工作，寻找一种完美的生活，在这个追寻的过程中，为什么不回过头看看自己呢？如果你能够自信一点儿，能正视和接纳自己的缺憾，何须去寻找最完美的，因为你就是最完美的。

每个人都具有独一无二的价值，没有任何人能够取代我们，也没有任何人能够贬低我们，除非你首先看轻了自己。有的人总是为自己的缺憾较真，实际上，只要我们足够自信，即便有再大的缺憾，也会被自信掩盖起来。

• 心灵启示 •

1. 不要纠结自己身上的缺憾

俗话说："金无足赤，人无完人。"在生活中，我们每个人身上都存在着这样或那样的缺憾，这是再正常不过的事情。如果我们能以平常心对待，那这些缺憾都不会是缺憾；反之，如果你处处纠结，那只会让自己更加痛苦。

2. 学会欣赏自己

当我们在纠结自己身上缺憾的时候，是否忘记了自己也有优势呢？如果我们自己都不会欣赏自己，那别人怎么会来欣赏你呢？在生活中，我们要学会欣赏自己，看到自己的长处和优点，这样可以增加自信心，更自信一点儿，我们就不会再那么固执地追求心目中的完美了。

参考文献

[1]陈丽.放过自己[M].长春:北方妇女儿童出版社,2011.

[2]詹姆斯·威西.当你放过自己时[M].北京:中国水利水电出版社,2021.

[3]马德.当我放过自己的时候[M].南京:江苏文艺出版社,2014.

[4]平井正修.放过自己,生活需要一点忘却力[M].北京:民主与建设出版社,2020.